엉뚱하고도 기발한 수학

유쾌한 멤버들이 들려주는
웃기는 수학

일본 코미디 수학 협회 지음
김정환 옮김

북스힐

CONTENTS

제 1 장

직장에서부터 연애까지 일상에서 활용할 수 있는 수학 이야기

CONTENTS

제 2 장

초등학생도 매료되는 산수 이야기

제 3 장

중학생이 깜짝 놀라는 수학 이야기

CONTENTS

제 4 장

진짜로 시험에 도움이 되는 수학 이야기

제 5 장

사람들에게 자랑할 수 있을지도 모르는 수학 잡담

CONTENTS

머리말

여러분은 '수학' 덕분에 웃어본 적이 있으신가요?

그보다는 '수학'이라는 말에서 '어렵다'라든가 '딱딱하다'라는 이미지를 떠올리는 사람이 훨씬 많지 않을까 싶네요. 많은 사람에게 '수학'에 대한 기억은 학교라는 배움터에서 책상에 앉아 문제를 풀거나 선생님의 설명을 듣는 것밖에 없을 테니까요. 물론 이 책을 보고 계시는 분들 중에는 수학을 업으로 삼아 매일 수학을 접하는 분도 계실 겁니다.

그런데 사실 학교에서 배우는 수학은 수학에서 지극히 좁은 범위에 불과하고, 독특한 관점에서 수학을 접하는 방법이 얼마든지 있답니다. 이 책은 그런 독특한 관점 중 하나인 '웃음'이라는 요소를 듬뿍 담은 '수학' 책이지요.

이 책에는 100가지 수학 이야기가 담겨 있습니다. 아마 여러분이 처음 보는 내용도 많을 것입니다.

부디 이 책을 읽으면서 마음껏 웃어 보시기를 바랍니다. 그리고 단 한 개라도 좋으니 마음에 드는 수학 이야기를 발견하십시오. 괜찮으시다면 그 수학 이야기를 주위 사람들에게도 소개해 보십시오. 틀림없이 수학이 전보다 더 즐거운 학문으로 느껴질 것입니다.

그럼 지금부터 '수학은 어렵고 딱딱한 학문'이라는 상식을 뒤엎기 위해 엄선한 웃기면서도 공부가 되는 수학 이야기를 즐겨 주십시오!

2018년 1월, 일본 코미디 수학 협회

'일본 코미디 수학 협회'란?

2016년 6월에 설립된 일본 코미디 수학 협회(Japan Owarai Mathematics Association: 약칭 JOMA)는 '수학을 더욱 즐겁고 재미있게'라는 활동 이념 아래 어린이부터 어른까지 모든 연령대를 대상으로 이벤트를 개최하고, 출장 수업을 하며, 동영상을 업로드하거나 기사를 투고하는 등 다양한 활동을 펼치고 있는 단체입니다.

그 시작은 다카타 선생과 '수학 형아' 요코야마 아스키의 만남이었습니다. 두 사람은 '수학을 즐겁게 전하는 것'을 중요하게 생각해 왔다는 공통점에서 금방 의기투합하여 일본 코미디 수학 협회를 만들게 되었습니다. 그 후 일본 코미디 수학 협회는 회원 수를 조금씩 늘려 나갔고, 현재는 멤버 7명과 스태프 수 명으로 구성되어 있습니다. 멤버들은 각자 개인 활동에 힘쓰면서 협회의 멤버로도 활동하고 있는데, 각기 다른 분야에서 활동하는 점이 개성적인 이벤트나 콘텐츠를 만들어내는 데 큰 힘이 되고 있습니다.

저희는 협회의 이름처럼 '코미디'와 '수학'을 조합한 콘텐츠를 제공하고 있습니다. 예를 들면 '수학 만담'이라든가 '수학 콩트'가 있는데, 수학적으로 아름다운 결혼식을 계획하는 내용이나 수학 요소가 가득한 라디오를 소재로 한 만담 등이 그것입니다. '새로운 형식의 테마 파크인 수학 랜드는 대체 어떤 곳?'처럼 수학 요소를 담은 키워드에 대해 즉석에서 재치 있는 답변을 하는 콘텐츠도 있고, 수업을 평소에 재미있게 진행하기 위한 방법을 진지하게 고민하고도 있습니다.

부디 이 책을 읽고 흥미를 느껴서 '일본 코미디 수학 협회'를 검색해 주시기 바랍니다!

코미디언 수학 교사

다카타 선생

일본 코미디 수학 협회 회장

일본 코미디 수학 협회(통칭 'JOMA')를 설립하고 같은 날 개최된 제1회 JOMA 가위바위보 대회에서 우승해 회장이 되었다. 일본 코미디 수학 협회 회장 이외에 고등학교 수학 교사, 요시모토 흥업 소속의 코미디언, 수학 관련 유튜버(YouTuber)로서 남녀노소 모두에게 수학의 즐거움을 확산시키는 활동을 펼치고 있다. 좋아하는 숫자는 '1', 좋아하는 정리는 '드 무아브르의 정리', 좋아하는 분해는 '부분 분수 분해', 좋아하는 완비화는 '노름 공간의 완비화', 좋아하는 공간은 '바나흐 공간'이다.

Twitter ▶ @takatasennsei

수학의 즐거움을 전파하는 수학 형아

요코야마 아스키

일본 코미디 수학 협회 부회장

일명 '수학 형아'로서 수학의 즐거움을 전파하기 위해 활동하고 있다. 탐구형 학습 학원 'a.school'에서 수학의 즐거움, '왜'를 탐구하는 '탐구 수학'을 가르치고 있다. 좋아하는 숫자는 '3'이지만, 최근 '6'에도 매력을 느끼기 시작했다. 좋아하는 공식은 가장 아름다운 공식인 '오일러 공식'으로, 입고 다니는 티셔츠에도 이 공식을 인쇄했을 정도다. 또한 '수학 하이쿠*'나 '수학 단가(短歌)' 등 다른 분야와 수학을 조합한 콘텐츠도 개발하고 있다.

* 하이쿠: 5자 · 7자 · 5자로 구성된 일본의 정형시.

Twitter ▶ @asunokibou

전(前) 국세청 직원

생큐 구라타

코미디언 · 재무 설계사

대학을 졸업하고 도쿄 국세청에 들어가 법인세 조사를 담당하다 요시모토 크리에이티브 에이전시에서 코미디언이 되었다. 코미디언으로서 미디어나 라이브 공연에서 세무 조사나 가택 조사를 소재로 한 콩트를 선보이고 있다. 좋아하는 단어는 '증세', 장래의 꿈은 '낙하산 출세', 무인도에 딱 하나만 가지고 가야 한다면 선택할 물건은 '영수증'이다. 일본 코미디 수학 협회에서 수학 수수께끼를 담당하고 있다. 저서로는 《국세청 출신 코미디언이 가르쳐 주는, 읽어 두면 피가 되고 살이 되는 세금 이야기》가 있다.

Twitter ▶ @thankyoukurata

도쿄대학 문과 · 이과에 모두 합격한 사나이

히라이 모토유키

입시 전략가

도쿄대학에 이과 계열로 입학했지만 서른을 넘긴 나이에 문과로 외도, 문과 계열로도 도쿄대학에 합격한 경력을 살려 '일본 코미디 수학 협회'의 '문과 계열 담당'이 되었다. 역사와 정치 · 경제, 국어와 수학을 결합한 소재를 전문적으로 다룬다. 도쿄대학 입시 전문 학원을 경영하는 가운데 세미나 강사와 작가, 블로거로서도 폭넓게 활동하고 있다. 저서로는 《비즈니스에서 차이를 만드는 논리적 두뇌를 만드는 법》이 있다.

Twitter ▸ @motoyukihirai

수학과 영어의 이도류*

아키타 다카히로

초중고 학습 학원 · 입시 학원 강사

도쿄학예대학에서 교육을 전공하면서 코미디언으로도 활동했던 경력을 살려, 학생들이 재미있고 즐겁게 공부하도록 돕는다. 유명 입시 학원에서 학생들을 지도하고 학생들의 요청을 반영해 새로운 학급을 만드는 등 폭넓은 영역을 담당하고 있다. 또한 뛰어난 영어 실력을 활용해서 외국의 수학 교과서를 모아 연구하고 있다. 일본 코미디 수학 협회의 유일한 딴죽 담당. 영어 발음도 좋아서 영어 선생님으로 오해받을 때도 많다고.

* 이도류: 일본 검술에서 쓰이는 말로, 양손에 칼을 한 자루씩 쥐고 싸우는 검법을 의미한다.

Twitter ▶ @narusisteacher

현역 프로 산수 강사

고바야시 유토

학습 학원 · 입시 학원 강사 · 가정교사

지금도 왕성한 활동을 펼치고 있는 현역 프로 강사. 중학교 입시, 고등학교 입시, 대학 입시 등 다양한 연령대를 대상으로 지도하고 있으며, 물론 합격 실적도 우수하다. 산수 특유의 구체화를 이용한 사고법을 중시해, 문제를 기계적으로 풀지 않도록 지도한다. 일본 코미디 수학 협회의 '산수 담당'이며, 100킬로그램이 넘는 몸무게와 그보다 훨씬 높은 아이큐의 소유자로서 고(高)아이큐 집단인 'JAPAN MENSA'의 회원이기도 하다. 한마디로 몸무게와 아이큐 모두 슈퍼헤비급인 사람.

Twitter ▸ @gluttonteacher

수학 팬

아지사카 못초

작가와 블로거

'수학 팬'을 자처하며 다양한 각도로 수학의 매력을 전파하고 있다. 특기는 그래프 작도 애플리케이션 'Desmos'를 이용한 수식으로 그림을 그리는 것이다. 또한 대규모 수학 이벤트 '로맨틱 수학 나이트'에서는 매번 다른 참가자와 차별화되는 색다른 프레젠테이션을 선보여 박수갈채를 받는다. '듣기 좋은 목소리'라는 강점을 살려 언젠가 내레이터 일거리를 구하고 싶다는 야심을 내심 품고 있다.

Twitter ▸ @motcho_tw

COLUMN

소리 내어 읽고 싶은 수학 용어 — ❶

병적인 함수

＼ 해설 ／

직관적이지 않거나 상식적이지 않은 성질을 지닌 함수를 통틀어서 '병적(病的)인 함수'라고 합니다. '모든 선이 연결되어 있지만 어느 한 곳을 확대해서 들여다보면 들쭉날쭉한 모양'인 바이어슈트라스 함수가 있습니다. 수학 용어를 사용해서 표현하면 '모든 점에서 연속적이지만 모든 점에서 미분 불가능한 함수'입니다.

제 1 장

직장에서부터 연애까지 일상에서 활용할 수 있는 수학 이야기

1

고백할 때 써도 좋은 수학 이야기

요코야마 아스키

시험에 나올 가능성 0　　분위기를 띄울 가능성 ★★★　　사회생활에 도움이 될 가능성 ★★

수학을 이용해서 사랑을 고백할 수 있는 기발한 방법이 있다는 사실을 아시나요? 그중 일부를 소개합니다.

① $128\sqrt{e}980$

언뜻 보면 그저 네이피어 상수(자연로그의 밑 e)와 숫자를 나열한 문자열로만 보이지만, **위쪽 절반을 지우면 'I Love you'가 됩니다.**

I Love you

② 나이에 낭만을 담아서 고백하는 방법

"25라는 수는 5의 제곱수이고, 27이라는 수는 3의 세제곱수야. 이 제곱수와 세제곱수의 사이에 있는 수는 26뿐이지. 이처럼 26이라는 수는 참으로 고귀하고 아름다우며 멋진 수야. 그러니까 네 나이인 26세도 참으로 고귀하고 아름다우며 멋진 나이지. 물론 너 자신만큼 고귀하고 아름다우며 멋지지는 않지만 말이야."라는 작업용 멘트입니다.

③ 원주율은 무한히 계속되므로……

3.141592……. 무한히 계속되는 수, 원주율. 이 원주율의 처음 세 숫자와 같은 **3월 14일을 화이트데이가 아니라 '원주율의 날'이라고 부르기**

도 합니다. 그래서 '원주율은 무한히 계속된다 → 사랑도 무한히(영원히) 계속되리라.'라는 의미를 담아 이날 결혼하는 사람도 있다고 하네요.

④ 허수 단위 i

허수 단위 i를 '애(愛: 아 + ㅣ)'로 해석해서 연애와 연결시키는 사람도 있습니다. 저도 **"i를 i제곱하면 실수(實數)가 되듯이, 너를 향한 나(I[아이])의 사랑(애[아+ㅣ])은 거짓이 아닌 진짜야. 믿어 줘."**라는 고백 멘트를 생각해 본 적이 있지요. 증명은 생략하지만, 신기하게도 i^i은 실수가 됩니다.

⑤ I < 3U의 부등식

마지막으로, 단순하지만 마음을 전할 수 있는 식도 소개하겠습니다.

가령 $2I + U < I + 4U$라는 식을 씁니다. 이 부등식을 풀면 $I < 3U$가 되는데, '< 3'을 자세히 살펴보면 하트를 옆으로 눕힌 모양처럼 보이지 않나요? 그리고 'U'는 'you(너)'의 줄임말이므로 'I < 3U'는 '아이 러브 유'가 됩니다.

어떻습니까? 이 수학을 이용한 고백들, 꼭 사용해 보시기 바랍니다.

2

풋콩이 든 껍질만 집어서 먹을 확률

다 카 타 선 생

시험에 나올 가능성 0　　분위기를 띄울 가능성 ★★★　　사회생활에 도움이 될 가능성 ★★

어느 날 술자리에서 술을 좋아하는 덜렁이 친구에게 "이 그릇에 풋콩 30개가 들어 있다고 치자고. 빈 껍질을 다른 그릇에 버리지 않고 그냥 이 그릇에 버리면서 먹는다면 한 번도 빈 껍질을 집지 않고 풋콩이 든 껍질만 집어서 먹을 확률은 얼마나 될까?"라는 질문을 받았습니다.

질문을 받으면 반드시 대답하는 것이 저의 철학이기에 즉시 계산 시작!

결과는 다음과 같았습니다.

해설

풋콩이 들어 있는 껍질을 집는 것을 성공이라고 하면,

첫 번째 시도가 성공일 확률은 30/30

두 번째 시도가 성공일 확률은 29/30

(빈 껍질이 한 개 섞였으므로)

세 번째 시도가 성공일 확률은 28/30

(빈 껍질이 두 개 섞였으므로)

이렇게 계속하면 30번째가 성공일 확률은 1/30(빈 껍질이 29개 섞였으므로)이 됩니다. 이 확률들의 곱이 구하고자 하는 답이므로,

$30/30 \times 29/30 \times 28/30 \times 27/30 \times \cdots \times 1/30$

$= 30!/30^{30}$

≒ 1/1조

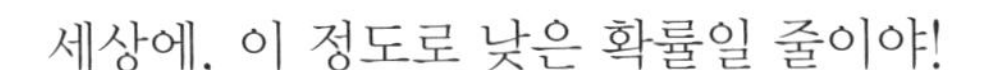

세상에, 이 정도로 낮은 확률일 줄이야!

동전을 던져서 앞면이 나올 확률은 1/2

아이스바를 먹었을 때 손잡이에 '1개 더!'가 적혀 있을 확률은 1/50

지구로 떨어진 운석에 내가 맞을 확률은 1/100억

이 세 가지가 동시에 일어날 수 있는 확률이었습니다!

매일 저녁에 맥주 한 캔을 마시면서 안주로 풋콩 30개를 먹는다고 가정했을 때 빈 껍질을 한 번도 집지 않고 풋콩이 든 껍질만 전부 집는 것은 약 30억 년에 한 번뿐이라는 계산이 나오네요!

그리고 이 충격적인 답을 알려 주기 위해 친구를 바라본 순간 더 큰 충격이! 세상 모르게 자고 있더군요…….

이 친구가 질문에 대한 흥미를 이미 잃어버렸을 확률은 100퍼센트!

3 아이부터 어른까지 다함께 즐기는 마방진 이야기

히라이 모토유키

시험에 나올 가능성 ★★ 분위기를 띄울 가능성 ★★★ 사회생활에 도움이 될 가능성 ★★

신기하고 또 신기한 마방진 이야기입니다.

아래는 여러분도 알고 있는, 가로로 더하든 세로로 더하든 대각선으로 더하든 전부 같은 결과가 나오는 9칸 마방진입니다.

(가로, 세로, 대각선의 합이 일정한) 일반적인 마방진

그림 1

8	1	6
3	5	7
4	9	2

위의 그림은 가장 유명한 예이지요. 가로, 세로, 대각선의 합이 전부 15가 됩니다.

그런데 **'곱셈의 마방진'도 존재한다는 사실을 아시나요?** 물론 3×3의 9칸 마방진인데, 덧셈의 마방진과 달리, 다음의 규칙이 있습니다.

① 가로로 곱하든 세로로 곱하든 대각선으로 곱하든 전부 같은 수가 나온다.

② 칸에 전부 다른 자연수를 넣어야 한다.

그러면 여러분, 어떻게 해야 곱이 일정한 마방진을 만들 수 있을까요?

곱셈 이야기이므로 초등학생도 이해할 수 있고 풀 수 있는 문제입니다. 하지만 어른에게도 언뜻 어렵게 느껴질 수 있습니다. 선생님과 학

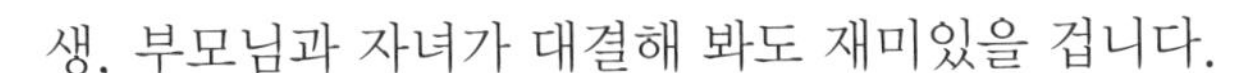
생, 부모님과 자녀가 대결해 봐도 재미있을 겁니다.

그러면 답을 발표하겠습니다.

이것이 곱셈의 마방진입니다.

곱셈의 마방진

그림 2

256	2	64
8	32	128
16	512	4

이것은 가로, 세로, 대각선, 세 수의 곱이 전부 32768이 되는 마방진이지요. '이렇게 큰 수를 어떻게 찾아! 너무 어렵잖아!'라고 생각한 독자도 있을지 모르는데, **사실은 간단히 만들 수 있답니다.**

그림 1과 그림 3을 비교해 보십시오.

(지수 법칙을 이용한) 곱셈의 마방진

그림 3

2^8	2^1	2^6
2^3	2^5	2^7
2^4	2^9	2^2

맞습니다. **지수 법칙을 이용**하면 됩니다.

요컨대 $2^m \times 2^n = 2^{m+n}$을 이용해서 그림 1의 덧셈을 그림 3의 곱셈에

응용했을 뿐이지요.

초등학생은 '지수 법칙'이라는 용어를 배우지 않지만, 이해할 수는 있을 것입니다. 실제로 제가 초등학생들에게 가르쳐 주면 금방 이해했습니다. 언뜻 어려워 보이지만 작은 힌트가 주어지는 순간 간단해지는, 매우 좋은 문제입니다.

그러면 이번에는 조금 어렵게 만들어 봅시다.

그림 2나 그림 3의 예에서는 곱한 값이 32768이었는데, 가로, 세로, 대각선의 곱이 최소가 되는 마방진은 무엇일까요?

이것은 앞의 문제보다 조금 어려울지도 모르겠습니다.

답은 이렇습니다.

(곱이 최소인) 곱셈의 마방진

그림 4

3	36	2
4	6	9
18	1	12

그림 4는 2의 거듭제곱과 3의 거듭제곱을 적절히 조합해서 모든 곱이 216이 되도록 만든 것인데, 이것이 곱이 가장 작은 9칸 마방진이라고 합니다. 216이니까 이쪽을 먼저 발견한 분도 계실지 모르겠네요.

4 Merry X-math

아키타 다카히로

시험에 나올 가능성 0　　분위기를 띄울 가능성 ★★★　　사회생활에 도움이 될 가능성 0

메리 크리스MATH!

이 메리 크리스마스도 수학을 사용해서 전할 수 있습니다.

먼저 이 문제를 풀어 보십시오.

$$y = \log_e(X/M - sa)/r^2$$

물론 이것만 봐서는 뭘 의미하는지 알 수 없습니다. 그러나 '크리스마스'에 주목하면서 식을 변형시켜 나가면……

$$y = \frac{\log_e\left(\frac{X}{M} - sa\right)}{r^2}$$

$$r^2y = \log_e\left(\frac{X}{M} - sa\right)$$

$$e^{r2y} = \frac{X}{M} - sa$$

$$e^{r2y} + sa = \frac{X}{M}$$

$$M(e^{r2y} + sa) = X$$

$$Me^{r2y} + Msa = X$$

$$Me^{r2y} = X - Msa$$

$$Me^{rry} = X - Mas$$

Merry X Mas가 됩니다! 문제의 첫 번째 S를 TH로 바꾸면 더욱 수학적인 답이 되므로 고등학생 수준 이상의 학생들을 가르치는 사람은 수업 시간에 꼭 써보시길 바랍니다.

5 기분이 좋아지는 계산식 BEST 3

다카타 선생

시험에 나올 가능성 ★★　분위기를 띄울 가능성 ★　사회생활에 도움이 될 가능성 ★

제가 고른, 기분이 좋아지는 계산식 Best 3를 소개합니다!

3위

$$\frac{1}{1\times2}+\frac{1}{2\times3}+\frac{1}{3\times4}$$
$$=\frac{1}{1}-\frac{1}{2}+\frac{1}{2}-\frac{1}{3}+\frac{1}{3}-\frac{1}{4}$$
$$=\frac{1}{1}-\frac{1}{4}$$
$$=\frac{3}{4}$$

이건 **'부분 분수 분해'**라는 것인데, 계산 자체도 기분 좋게 전개되지만 이름을 소리 내어 읽어 보면 왠지 모르게 기분이 좋아진답니다. 저도 모르게 자꾸 소리 내어 읽게 되는 수학 용어입니다!

2위

$$\frac{1}{\sqrt{4}+\sqrt{3}}+\frac{1}{\sqrt{3}+\sqrt{2}}+\frac{1}{\sqrt{2}+\sqrt{1}}$$
$$=\frac{\sqrt{4}-\sqrt{3}}{(\sqrt{4}+\sqrt{3})(\sqrt{4}-\sqrt{3})}+\frac{\sqrt{3}-\sqrt{2}}{(\sqrt{3}+\sqrt{2})(\sqrt{3}-\sqrt{2})}+\frac{\sqrt{2}-\sqrt{1}}{(\sqrt{2}+\sqrt{1})(\sqrt{2}-\sqrt{1})}$$
$$=\sqrt{4}-\sqrt{3}+\sqrt{3}-\sqrt{2}+\sqrt{2}-\sqrt{1}$$
$$=\sqrt{4}-\sqrt{1}$$
$$=2-1$$
$$=1$$

이것은 각 분수의 분모를 유리수로 고친 **'분모 유리화'**입니다!

1위

$$
\begin{aligned}
&\frac{1}{\sqrt{7+2\sqrt{12}}}+\frac{1}{\sqrt{5+2\sqrt{6}}}+\frac{1}{\sqrt{3+2\sqrt{2}}}\\
&=\frac{1}{\sqrt{4}+\sqrt{3}}+\frac{1}{\sqrt{3}+\sqrt{2}}+\frac{1}{\sqrt{2}+\sqrt{1}}\\
&=\frac{\sqrt{4}-\sqrt{3}}{(\sqrt{4}+\sqrt{3})(\sqrt{4}-\sqrt{3})}+\frac{\sqrt{3}-\sqrt{2}}{(\sqrt{3}+\sqrt{2})(\sqrt{3}-\sqrt{2})}+\frac{\sqrt{2}-\sqrt{1}}{(\sqrt{2}+\sqrt{1})(\sqrt{2}-\sqrt{1})}\\
&=\sqrt{4}-\sqrt{3}+\sqrt{3}-\sqrt{2}+\sqrt{2}-\sqrt{1}\\
&=\sqrt{4}-\sqrt{1}\\
&=2-1\\
&=1
\end{aligned}
$$

이 얼마나 기분 좋은 계산이란 말입니까! 위의 식은 분모의 이중 근호를 없애고 그 다음 분모를 유리화한 것입니다. 제가 **'부분 분모의 이중 근호 제거 후 분모의 유리화 분해'**라고 이름을 붙였습니다! 축하합니다!

이어서, 이름이 긴 수학 용어 순위를 발표하겠습니다!

1위는……,

'부분 분모의 이중 근호 제거 후 분모의 유리화 분수'입니다!

축하합니다!

…… 제가 이러고 놉니다.

6

삼각비로 구한 키스할 때 최적의 키 차이

요코야마 아스키

시험에 나올 가능성 0　　분위기를 띄울 가능성 ★★★　　사회생활에 도움이 될 가능성 ★

제목을 보고 또 이상한 소리를 한다고 생각한 분이 많을지도 모르겠지만, 제 딴에는 지극히 진지하게 고찰한 것입니다.

머리를 기울일 때 움직이지 않는 부분을 회전의 중심이라고 생각하고 그림 ①과 같이 좌표를 놓습니다.

①

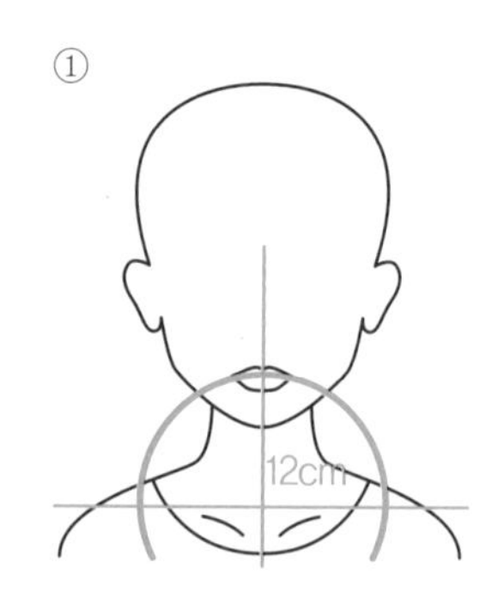

목이 시작되는 부분부터 입술까지의 거리를 조사한 결과 '대략 12센티미터'라서 반지름이 12센티미터인 원을 그려 넣습니다. 그리고 **머리를 옆으로 기울일 때 무리가 없는 각도를 조사하여 45도가 자연스럽다는 사실을 알게 되었습니다.**

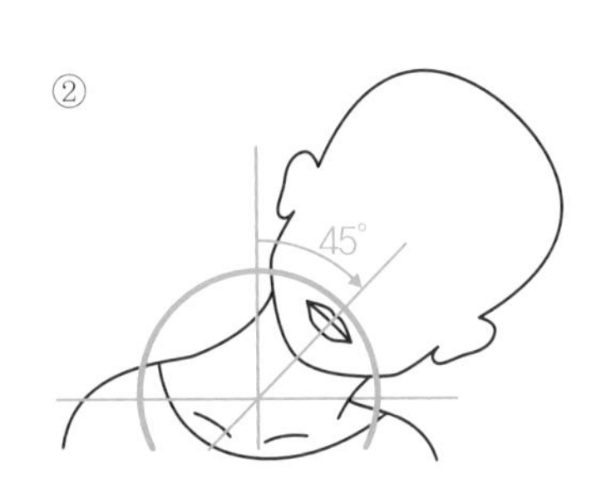

자, 이제 삼각비가 등장할 차례입니다. 머리를 아래로 45도 기울였을 때 입술의 위치는 얼마나 아래로 내려갈까요? 계산식은 다음과 같습니다.

$$12 - 12\sin 45^\circ$$

실제로 계산해 보면 3.51471… ≒ 3.5센티미터입니다. 남성은 머리를 기울임으로써 입술의 위치를 3.5센티미터 낮추게 됨을 알 수 있었습니다.

이어서 여성의 입술 위치를 계산해 보겠습니다. 회전의 반지름은 약 8센티미터가 됩니다. 아래의 그림 ③을 보면 알 수 있지만, 옆으로 기울이는 것이 아니라 위로 기울이기 때문에 회전축이 조금 달라집니다.

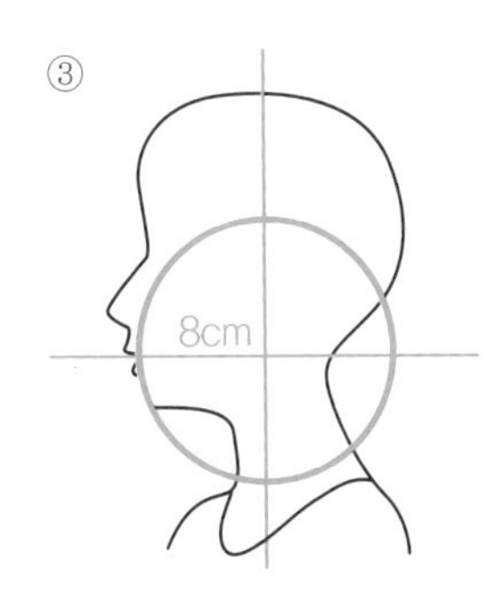

여성도 시행착오를 거친 끝에 30도가 무리 없는 회전 각도임을 알 수 있었습니다.

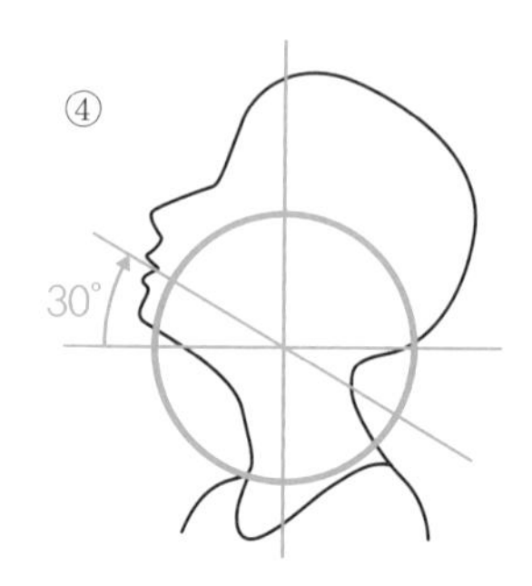

이번에도 같은 방법으로 계산식을 만들면,

$$8\sin30^\circ$$

가 됩니다. 계산해 보면 4센티미터가 나오지요.

(남성의 낮아지는 높이) + (여성의 높아지는 높이) = 3.5 + 4 = 7.5(센티미터)이므로, 이 계산에 따르면 키스하기 좋은 키 차이는 7.5센티미터라고 할 수 있습니다.

그런데 서서 키스할 경우 그 장소는 실내가 아니라 실외일 때가 많을 것입니다. 따라서 여기에 한 가지 정보를 추가합니다. 바로 '힐(굽 높이)' 입니다.

남성화의 일반적인 굽 높이는 평균 '1.5센티미터', 여성화의 일반적인 힐 높이는 평균 '6센티미터'임을 알 수 있었습니다.

이 경우 남녀의 굽 높이의 차이는 약 4.5센티미터입니다. 그러므로,

$$7.5 + 4.5 = 12\ (\text{cm})$$

12센티미터가 키스하기에 가장 좋은 키 차이임을 알 수 있습니다. **부디 키가 12센티미터 정도 차이 나는 상대를 찾아보시기 바랍니다.**

7

수학을 이용한 사랑 고백

아키타 다카히로

시험에 나올 가능성 ★ 분위기를 띄울 가능성 ★★★ 사회생활에 도움이 될 가능성 ★

여러분은 누군가에게 "사랑해."라고 분명하게 말로 표현한 적이 있습니까?

"난 부끄러워서 그런 말 못해!"라는 사람에게 안성맞춤인 수식을 소개합니다.

$$y=\frac{1}{x},\quad x^2+y^2=9,\quad y=|2x|,\quad x=-3|\sin y|$$

이 식들이 "사랑해."하고 무슨 관계가 있을까요? 이 식들을 그래프로 나타내 보면……,

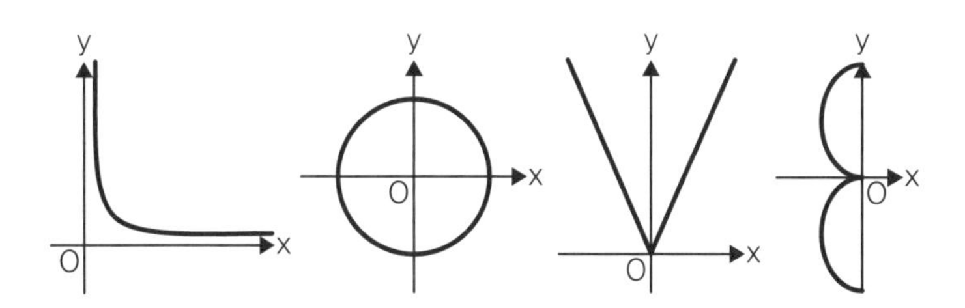

'LOVE'가 **됩니다!**

이 그래프라면 부끄러워서 "사랑해."라고 직접 말하지 못하더라도 틀림없이 마음을 전달할 수 있습니다.

다만 **상대가 수학을 전혀 모른다면 이것을 보내도 분위기만 어색해질 뿐이니 주의하세요.**

8

벤포드의 법칙

생큐 구라타

시험에 나올 가능성 ★　　분위기를 띄울 가능성 ★★　　사회생활에 도움이 될 가능성 ★★★

인구, 강의 길이, 납세액……. 이런 수치를 모아 보면 어떤 법칙이 성립합니다. 바로 **'벤포드의 법칙'**이지요.

벤포드의 법칙(Benford's Law)이란,

"자연계에서 볼 수 있는 수치의 첫 번째 자리의 수는 1일 때가 많다. 1에서 9로 갈수록 첫 번째 자리에 나타날 확률이 낮아진다."

라는 것입니다.

이것은 기업의 매출이나 경비, 마을의 인구, 전기 요금 청구서, 주가 등 다양한 수치의 집합에 적용되는 법칙입니다.

수학적으로 나타내면, 밑이 $b(b \geqq 2)$일 때 첫 번째 자리의 수치 $d(d \in \{1, \cdots, b-1\})$의 출현 확률은,

$$P(d) = \log_b(d+1) - \log_b d = \log_b((d+1)/d)$$

라는 식으로 구할 수 있습니다. 복잡하기 때문에 풀이 과정은 생략하지만, 이 식에서 밑이 10일 때는 첫 번째 자리에 1이 나올 확률이 높음을 알 수 있습니다.

밑이 10일 경우, 벤포드의 법칙에 따르면 첫 번째 자리의 분포는 다음 표와 같습니다.

1	2	3	4	5	6	7	8	9
30.1%	17.6%	12.5%	9.7%	7.9%	6.7%	5.8%	5.1%	4.6%

그렇다면 이럴 경우는 벤포드의 법칙이 성립할까요?

수학계에는 철수라는 가상 인물이 있습니다. 철수는 어머니의 심부름으로 사과와 귤을 사러 갔습니다. 수학 교과서가 탄생한 이래 철수는 수없이 사과나 귤을 사러 가야 했지요. 비가 오든 날에도, 눈이 오는 날에도 사과나 귤을 사러 가야 했습니다. 때로는 자두나 복숭아를 사러 가기도 했습니다. 이렇게 철수가 수도 없이 사 온 사과나 귤의 가격을 모았을 때 과연 벤포드의 법칙이 성립할까요?

아닙니다. 문제에 나오는 사과와 귤의 가격은 대부분 수백 원에서 수천 원이라는, 정규 분포에 따른 값의 분포에서 얻은 수치입니다. 이 경우 벤포드의 법칙은 성립하지 않지요. 하지만 사과나 귤의 가격군(群)에서 **무작위로 추출했을 경우는 벤포드의 법칙이 성립해서** 1,000원대나 100원대가 될 확률이 높아진답니다.

9

이상적인 결혼 상대와 확률 이야기

요코야마 아스키

시험에 나올 가능성 ★　　분위기를 띄울 가능성 ★★　　사회생활에 도움이 될 가능성 ★★★

텔레비전 방송에서도 몇 차례 소개한 바 있는, 이상적인 결혼 상대를 찾아내는 수학적 방법.

그것은 바로 **평생 동안 사귀게 될 사람의 수가 '100명'이라고 했을 때 '36명째'까지 만났던 상대 중 가장 좋았던 사람보다 더 이상적인 사람이 '37명째' 이후에 나타난 순간 그 사람과 결혼**하는 것입니다(조금 더 정확히 말하면 36.8번째 이후. 정식으로는 1/e번째 이후).

이 값은 확률 계산을 통해 구할 수 있습니다. 궁금한 사람은 '결혼 문제' 혹은 '비서 문제'로 검색해 보시기 바랍니다.

다만 이 방법은 현실 세계에서 활용하기는 매우 어려운데,

① 자신이 몇 살까지 새로운 사람과 사귈 수 있느냐는 모수(母數)의 설정

② 이상적인 상대의 정의를 어떻게 정하느냐는 지표의 설정

③ 36명까지는 헤어져야 하는 독한 마음가짐

을 실행해야 하기 때문입니다.

으음……, 이렇게 써 놓고 보니 실용성이라고는 약에 쓰려고 해도 찾을 수가 없네요. **지금 가장 좋아하는 사람을 가장 이상적인 상대라고 생각하고 함께 즐거운 미래를 만들어 나가는 것이 최고의 방법**일지도 모르겠습니다.

10

다다미 넉 장 반을 배치하는 체계적인 패턴

아지사카 못초

시험에 나올 가능성 ★ 분위기를 띄울 가능성 ★★ 사회생활에 도움이 될 가능성 ★★

다다미 넉 장 반, 좋아하시나요? 저는 그냥 그렇습니다.

다다미 한 장의 크기는 기본적으로 91센티미터×182센티미터입니다. 이것이 넉 장 반 있으면 정사각형을 만들 수 있는데, 옛날부터 일본에서는 이것을 방의 규격 중 하나로 삼았지요.

설명은 이쯤 하고, **다다미 넉 장 반을 정사각형으로 까는 방식에는 몇 가지 패턴**이 있습니다. 전부 몇 가지나 될까요? '회전시키면 겹치는' 패턴과 '뒤집으면 겹치는' 패턴을 제외하면 놀랍게도 고작 세 가지뿐입니다!

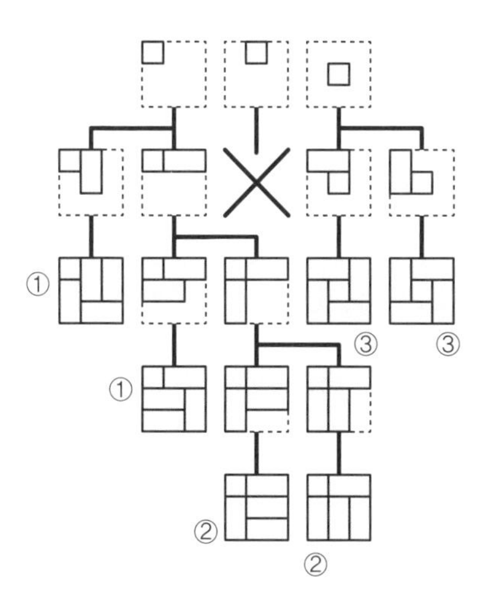

수형도는 참으로 편리한 도구입니다. 어떤 다다미 넉 장 반짜리 방이든 패턴은 이 셋 중 하나라고 생각하니 왠지 흥분이 되네요. 여러분은 안 그러신가요?

11

속담 수학

요코야마 아스키

시험에 나올 가능성 0 분위기를 띄울 가능성 ★★★ 사회생활에 도움이 될 가능성 ★

수학을 다른 것과 조합하기를 좋아하는 저는 요즘 '속담 수학'에 열중하고 있습니다. 말 그대로 속담을 수학적으로 표현하며 즐기는 놀이이지요.

예를 들면 이런 식입니다.

"n번째가 진짜다."

"세 번째가 진짜다."라는 속담을 바탕으로 만든 속담 수학입니다. '3'을 n으로 바꿨습니다. 이렇게 하면 의미가 조금 달라져서, "꼭 세 번째라고 단언할 수는 없지만, 자연수만큼 시행하면 반드시 성공한다."가 됩니다. '언젠가는 성공할 것이다.' 같은 희망적 관측이 되어 버렸네요.

또 이런 속담 수학도 만들 수 있습니다.

"딱딱한 돌도 X년 동안 앉아 있으면 편해진다."

이것은 "딱딱한 돌도 3년 동안 앉아 있으면 편해진다."라는 속담을 바탕으로 만든 속담 수학입니다. 계속해서 움직이는 점 P 위에 X년(단 $X > 0$) 동안 계속 올라타 있으면 언젠가는 점 P의 움직임도 멈출지 모릅니다. 어쨌든 꾹 참고 기다리면 좋은 일이 있을지 모른다는 의미입니다.

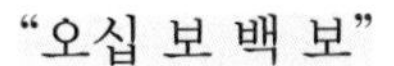

"오십 보 백 보"

오십 보나 백 보나 별반 차이가 없다는 오십 보 백 보라는 속담 그대로입니다. 다만 이 조건으로 방정식을 풀면,

$$50보 = 100보$$
$$-50보 = 0$$
$$보 = 0$$

가 되어, 실제로는 제자리걸음을 했을 뿐 앞으로 나아가지 않은 셈이 되지요. 이렇게 생각하면 오십 보를 걷든 백 보를 걷든 제자리걸음을 해서는 상황이 조금도 달라지지 않는다는 의미로 바뀌어 버립니다.

이렇게 보면 속담과 수학의 조합에 다양한 가능성이 감춰져 있다는 생각이 들지 않나요? 여러분도 꼭 도전해 보시기 바랍니다.

12

조합 폭발

생큐 구라타

시험에 나올 가능성 0 분위기를 띄울 가능성 ★★★ 사회생활에 도움이 될 가능성 ★

다음과 같은 타일이 있습니다. 멀리 돌아서 가도 상관없지만, 같은 길을 두 번 지나가지 않고 출발 지점인 S에서 도착 지점인 G로 가는 경로는 1×1의 경우 2가지, 2×2의 경우 12가지, 3×3의 경우 184가지가 있습니다.

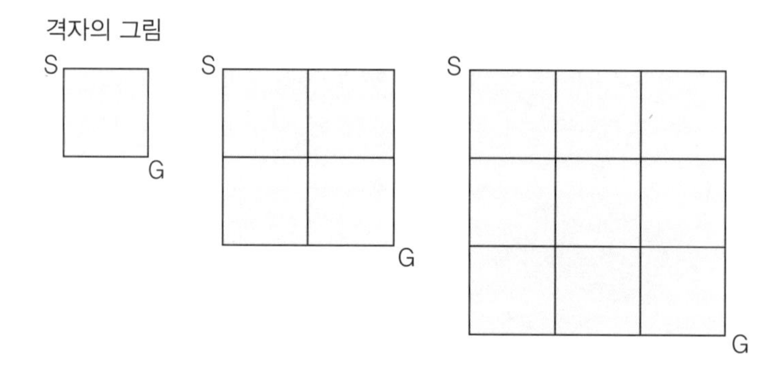

그렇다면 9×9의 경우는 몇 가지 경로가 있을까요?

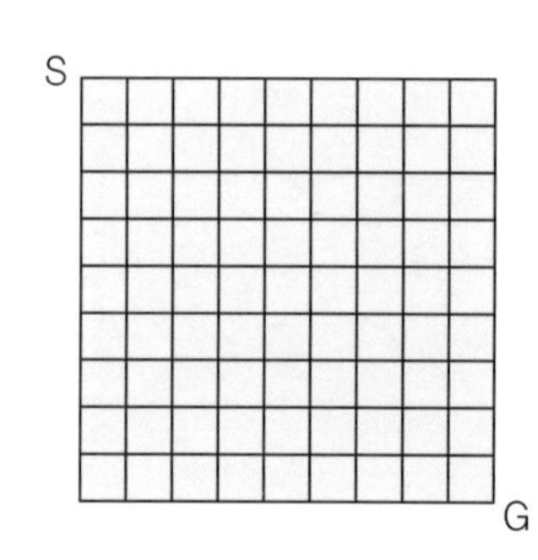

9×9의 경우는 41044208702632496804가지입니다.

이와 같이 문제의 크기에 비해 답이 터무니없이 커져서 답을 구하기가 어려워지는 것을 **'조합 폭발'**이라고 합니다. 9×9가 81임은 초등학생도 아는데, 9×9 타일의 출발 지점에서 도착 지점까지 같은 길을 두 번 지나가지 않는 경로가 몇 가지인지 구하면 입이 다물어지지 않을 정도로 엄청난 결과가 나옵니다. 요컨대 문제의 크기 n에 대해 결과가 지수 함수나 계승 등의 차수로 무시무시하게 커져서 인간의 뇌로는 계산이 불가능해질 뿐만 아니라 머리를 쓰지 않으면 슈퍼컴퓨터로도 답을 찾아내기가 어려워지는 것입니다.

참고로,
4×4 타일은 8512가지,
5×5 타일은 1262816가지,
6×6 타일은 575780564가지,
7×7 타일은 789360053252가지,
8×8 타일은 3266598486981642가지,
10×10 타일은 1568758030464750013214100가지,
11×11 타일은 182413291514248049241470885236가지,
12×12 타일은 64528039343270018963357185158482118가지입니다.

13

후지산

아키다 다카히로

시험에 나올 가능성 ★★ 분위기를 띄울 가능성 ★★★ 사회생활에 도움이 될 가능성 ★

수학을 열심히 공부하다 보면 풀었을 때 마음이 치유되는 것 같은 느낌이 드는 문제를 만나게 됩니다. 저의 경우, **2000년 시즈오카 대학 전기 시험에 출제된 한 문제**가 참으로 감동적이었습니다.

그 문제를 소개해 보겠습니다.

함수 $f(x)$, $g(x)$를 다음과 같이 정의한다.

$$f(x)=\begin{cases} x^4-x^2+6 & (|x|\leqq 1) \\ \dfrac{12}{|x|+1} & (|x|>1) \end{cases}$$

$$g(x)=\frac{1}{2}\cos\ (2\pi x)+\frac{7}{2}(|x|\leqq 2)$$

이때 두 곡선 $y=f(x)$, $y=g(x)$의 그래프의

대략적인 형상을 같은 좌표 평면 위에 그리시오.

이것을 그려 보면,

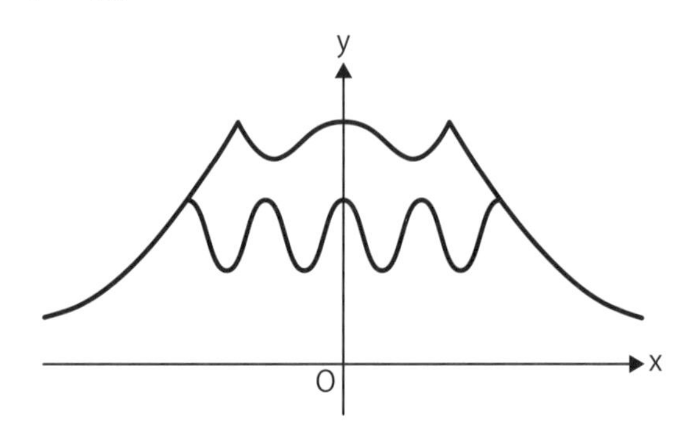

놀랍게도 **후지산의 모양**이 되는 것이 아닙니까!

이것은 한 걸음 한 걸음을 착실히 내디디며 **열심히 수학을 공부해 온 사람만이 볼 수 있는 풍경**입니다.

이 문제를 푼 수험생은 틀림없이 합격한 순간과 맞먹는 큰 기쁨과 성취감을 느꼈을 겁니다.

물론 다른 문제를 어느 정도 풀지 못했다면 불합격했겠지만.

14 누구라도 감동하는 아름다운 도형의 성질

히라이 모토유키

시험에 나올 가능성 ★★ 분위기를 띄울 가능성 ★★★ 사회생활에 도움이 될 가능성 ★★

수학에는 아름다운 성질을 지닌 수식이 많습니다. 하지만 그 매력을 느끼려면 복잡한 계산을 이해해야 하는 까닭에 다른 사람에게 소개하지 못했던 경험은 없으신가요?

도형을 이용하면 그런 고민을 해결할 수 있습니다. **아름다운 도형의 성질이라면 어린아이라도 이해할 수 있지요.**

여기에서는 제가 비장의 카드로 간직하고 있는 아름다운 도형의 성질을 소개하겠습니다.

먼저, 원의 외부에 있는 점 P에서 두 접선을 그리고 원과의 접점을 T_1, T_2라고 합니다. 그런 다음 두 점 T_1과 T_2를 지나가는 직선 위의 마음에 드는 곳에 점 Q를 잡고 앞에서와 마찬가지로 점 Q에서 원과의 접선 2개를 그립니다. 마지막으로 그 접점을 S_1과 S_2라고 하고 두 점 S_1과 S_2를 지나가는 직선을 그리면 **놀랍게도 최초의 점 P를 지나갑니다.**

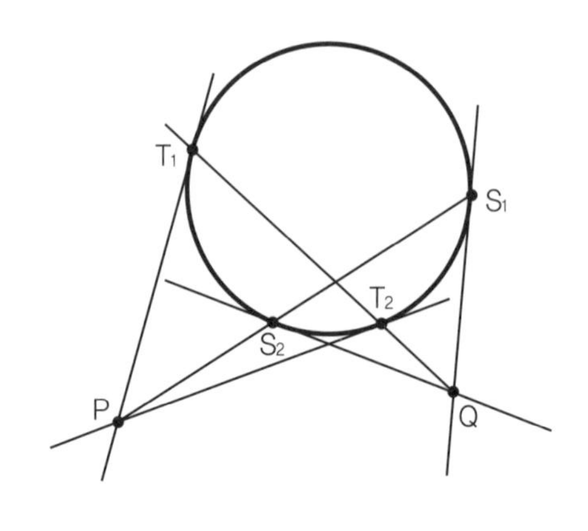

이것이 놀라운 점은 **원 바깥의 어떤 곳에 점 P를 찍어도 상관없으며 점 Q도 직선 T_1T_2 위의 어디에 정해도 무방하다는 사실**입니다. 종이와 펜을 준비해서 직접 그려 보면 알 수 있을 것입니다.

그런데 놀라움은 여기에서 끝나지 않습니다.

사실 이것은 **2차 곡선이라고 부르는 도형에 전부 성립하는 성질입니다.** 앞에서 예로 든 원과 마찬가지로 점에 이름을 붙이면서 그려 보겠습니다.

먼저 타원입니다.

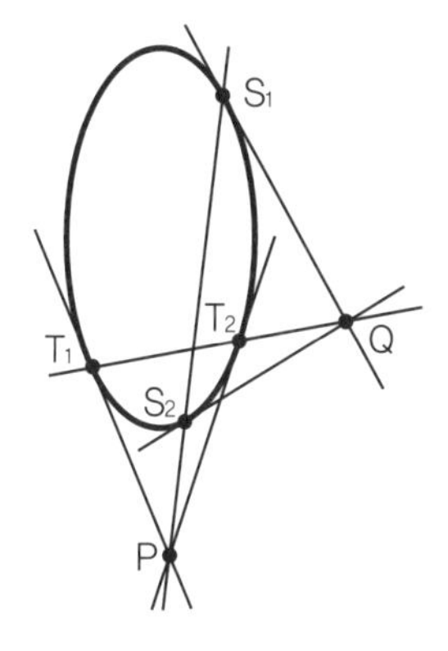

분명히 성립합니다.

다음은 포물선입니다.

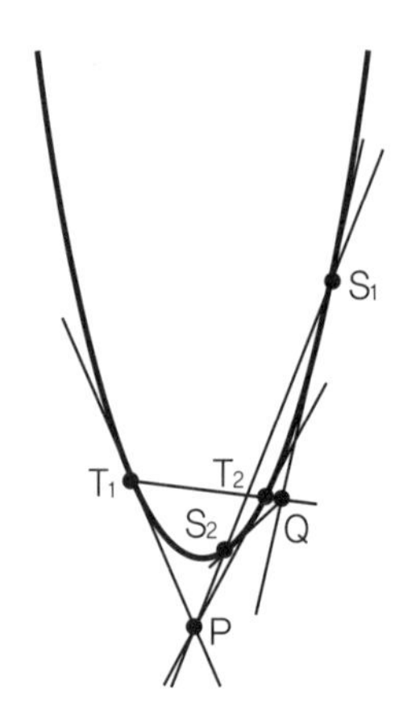

마지막으로 쌍곡선입니다(반비례의 도형입니다).

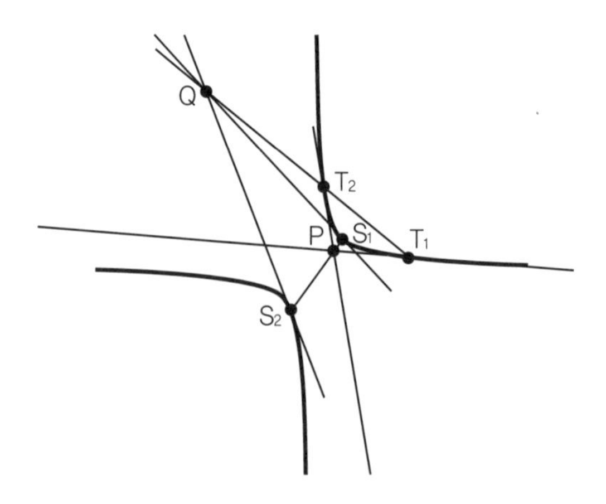

정말 아름답고 신기한 성질이라는 생각이 들지 않나요?

형태가 전혀 다른 도형에 전부 똑같은 성질이 성립하는 것입니다.

조금 어렵고 내용이 길어지기 때문에 증명은 생략하지만, 미분과 2차 곡선의 접선의 방정식을 이용하면 증명할 수 있습니다.

15 파이(π)의 날

다카타 선생

시험에 나올 가능성 0 분위기를 띄울 가능성 ★★ 사회생활에 도움이 될 가능성 ★★

"3월 14일은 무슨 날?"이라고 물어봤을 때 '화이트데이'가 아니라 '파이(π)의 날'이라고 대답하는 사람과는 금방 친해질 것 같습니다.

원주율 π가 약 3.14이기 때문에 3월 14일이 '파이의 날'이 된 것인데(24쪽 참조), 혹시 **7월 22일도 '파이의 날'**이라는 사실을 아시나요?

왜 7월 22일이 '파이의 날'인지 궁금한 분은 당장 계산기를 꺼내서 22÷7을 계산해 보시기 바랍니다!

여담이지만, 7월 19일은 'e의 날'이라고 합니다. 'e'는 자연 로그의 밑 e=2.718…을 의미하는데, 왜 7월 19일이 '네이피어 상수의 날'일까요? 이유를 알고 싶은 분은 계산기를 꺼내서 19÷7을 계산해 보시기 바랍니다. (참고로 2월 7일도 e의 날이라고 부를 때가 있는 모양입니다!)

여담에 여담을 덧붙이자면, 일본에서는 **매달 22일을 쇼트케이크의 날**이라고 부르기도 합니다. 달력을 보면 22일 위에 반드시 15일이 있는데, 일본어로 1은 '이치', 5는 '고'라고 읽습니다. 그리고 딸기는 '이치고'라고 하지요. 이제 짐작이 가시겠지요? 15(딸기)가 위에 올라가 있다고 해서 22일을 쇼트케이크의 날로 삼은 것입니다.

그렇다면 7월 22일은 **쇼트케이트와 파이(π)의 날**이 되는군요!

왠지 그날은 케이크 가게가 손님으로 가득할 것 같습니다.

16

사자성어 수학

요코야마 아스키

시험에 나올 가능성 0　　분위기를 띄울 가능성 ★★★　　사회생활에 도움이 될 가능성 ★

42쪽에서 소개한 속담 수학과 비슷하게 고안한 **사자성어 수학**을 소개하겠습니다. 사실 개인적으로는 사자성어 수학이 좀 더 가지고 노는 맛이 있지 않나 생각합니다.

사자성어 수학은 이를테면,

'십인십색(十人十色)'

10인 = 10색

1인 = 1색

인 − 색 = 0

결론: 사람에게서 색(연애, 사랑)을 빼면 아무 것도 남지 않는다.

같은 식의 놀이입니다. 맞습니다. 사자성어에는 숫자가 자주 나오지요.

그 밖에,

'일심동체(一心同體)'

1심 = 체 (동同을 = 로 본다)

심 = 체 (1은 생략 가능)

결론: 몸과 마음은 같다.

와 같은 것도 가능합니다. 뭔가 알 수 없는 결론이 되어 버린 것은 양해해 주십시오.

여러분도 속담 수학과 사자성어 수학 놀이를 즐기기를 바랍니다.

17

참치의 단위

요코야마 아스키

시험에 나올 가능성 ★ 분위기를 띄울 가능성 ★ 사회생활에 도움이 될 가능성 ★★

물건을 세는 단위는 그 대상이 무엇이냐에 따라 달라지는데, **일본에서는 같은 물건이지만 모양에 따라 다른 단위로 세는 경우**가 있습니다. 그 대표적인 예가 참치이지요.

참치를 세는 단위는 살아 있을 때는 **'마리(匹)'**이지만 잡아 올린 뒤에는 **'개(本)'**가 됩니다.

그리고 반으로 가른 뒤에는 **'정(丁)'**, 블록 모양으로 썬 뒤에는 **'덩이(塊)'**라는 단위로 셉니다. 여기에서 더 잘게 썰면 **'책(柵)'**이고, 한 입 크기로 썰면 **'조각(切)'**이 되며, 초밥의 재료로 쓰이면 **'관(貫)'**이 된답니다.

18

수학 콩트

생큐 구라타

시험에 나올 가능성 ★ 분위기를 띄울 가능성 ★★ 사회생활에 도움이 될 가능성 ★

수학 콩트 ①

"이번 시험은 전원이 평균 점수 이상을 받을 수 있을 거야."라는 수학 선생님의 말에 어안이 벙벙해진 학생들.

어떤 시험이든 높은 점수를 받는 사람이 있고 낮은 점수를 받는 사람도 있기 마련이다. 그 평균이 평균 점수이므로 전원이 평균 점수 이상을 받는 것은 불가능한 일이다. 명색이 수학 교사면서 그런 당연한 사실도 모르다니…….

그런데 한 우수한 학생이 그 말의 숨겨진 의미를 깨달았다. 전원이 같은 점수를 받으면 그 점수가 평균 점수가 되며 나아가 전원이 평균 점수 이상을 받은 셈이 된다. 하지만 학급 전원이 같은 점수를 받는 우연은 일어나기 어렵다. 가장 현실적인 가정은 전원이 100점을 받는 것이다. 선생님은 우리 모두가 100점을 받을 수 있다고 믿고 계신 것이다.

그리고 **다음 주, 채점된 시험지를 받아 보니 전원 0점이었다.**

수학 콩트 ②

주부와 학생과, 수학자가 로프 1개를 사용해 내부 영역의 넓이가 가장 넓어지도록 둘러싸는 방법을 생각하고 있다.

주부는 "이렇게 정사각형을 만들면 돼."라며 정사각형을 만들었다.

학생은 "로프의 길이가 같다면 정사각형보다 원으로 둘러싼 부분의 넓

이가 더 클 거야."라며 원을 만들었다.

그 모습을 본 수학자는 학생이 만든 원 안으로 들어가 **"내가 지금 서 있는 곳을 바깥쪽으로 정의한다."**라고 말했다.

수학 콩트 ③

$$\left(\lim_{x\to8^+}\frac{1}{x-8}=\infty\right)\Rightarrow\left(\lim_{x\to3^+}\frac{1}{x-3}=\omega\right)$$

이 식은 왜 성립할까요?

답: $\lim_{x\to8}\frac{1}{x-8}$

x는 한없이 8에 가까우므로 x에 8을 대입합니다.

$=\lim_{x\to8}\frac{1}{8-8}$
$=\lim_{x\to8}\frac{1}{0}$
$=\infty$

x가 8에 가까울 때, 답은 ∞가 됩니다. 8을 쓰러뜨리면 ∞가 되지요. 그러므로 x가 3에 가까울 때 답은 3을 옆으로 쓰러뜨린 ω가 됩니다.

19

아이돌로 성공할 확률

다카타 선생

시험에 나올 가능성 ★ 　 분위기를 띄울 가능성 ★★ 　 사회생활에 도움이 될 가능성 ★★

문제

여러분은 아이돌을 꿈꾸는 고등학생이다. 거리에서 자칭 천재 프로듀서에게 캐스팅되어 “나는 지금까지 수많은 지원자를 봐 왔기 때문에 아이돌로 성공할지 실패할지 99퍼센트의 확률로 맞힐 수 있지! 그러니 내가 하는 말을 믿어도 돼. 너는 아이돌로 성공할 거야!”라는 말을 들었다.

이 프로듀서의 예상이 정말 99퍼센트의 확률로 적중한다고 가정했을 때 실제로 여러분이 아이돌로 성공할 확률은 몇 퍼센트인지 구하시오. 단, 일반적으로 **아이돌로서 성공하는 사람은 1만 명 중에 1명이다.**

해답

아이돌을 지망하는 사람이 100만 명이라고 가정하자. 아이돌로 성공하는 사람은 1만 명 중에 1명이므로 실제로 성공하는 사람은 100명, 실패하는 사람은 99만 9,900명이다.

이 프로듀서의 예상은 99퍼센트의 확률로 적중하므로, 성공하는 100명 중 99명에 대해 성공한다고 예상한다. 또 이 프로듀서의 확률은 1퍼센트의 확률로 빗나가므로, 실패하는 99만 9,900명 중 9,999명에 대해 성공한다고 예상한다.

즉 이 프로듀서는 여자아이가 100만 명 있으면 99+9,999=1만 98(명)에 대해 성공한다고 예상하며, 이 가운데 실제로 성공하는 사람은 불과 99명이다.

그러므로 이 프로듀서에게 성공한다는 말을 들었다 한들 실제로 성공할 확률은,

99/1만 98 = 0.0098… = 약 1퍼센트

수상한 길거리 캐스팅을 조심하자!

20

왜 대머리를 수학적 귀납법으로 증명할 수 없는가?

요코야마 아스키

시험에 나올 가능성 ★★ 분위기를 띄울 가능성 ★★ 사회생활에 도움이 될 가능성 ★★

수학적으로 쓰면,

머리카락 수를 n가닥으로 놓는다.

① $n=0$일 때, 대머리임은 자명하다.

② $n=k$(k는 0 이상)일 때 대머리라고 가정하면, $k+1$과 같이 1가닥이 더 늘어난 정도로는 여전히 대머리다.

③ 수학적 귀납법에 따라 모든 가닥수에 대해 대머리라고 할 수 있다.

따라서 모든 남성은 대머리다.

언뜻 그럴듯해 보이지만, **이 수학적 증명에는 오류가 있습니다.** 이 증명에서 어디에 문제가 있을까요?

그것은 바로 **'대머리의 정의가 모호하다는 점'**입니다. 대머리란 무엇인지, 이 정의가 모호한 까닭에 수학적인 논의를 진행하려 해도 모순이 발생하는 것입니다. 다른 것도 다 마찬가지겠지만, 수학적으로 사고하기 위해서는 정의를 명확하게 규정한 다음에 진행해야 합니다!

여담이지만, 적어도 머리카락의 가닥수가 대머리냐 아니냐를 나누는 경계가 아님을 증명하고 넘어가겠습니다.

① 머리카락의 가닥수(가령 k가닥 이하)가 대머리를 결정하는 기준이라고 가정한다.

② 지금 k가닥인 남성의 귀 뒷부분의 보이지 않는 부분에서 머리카락이 1가닥 났다고 가정한다.

③ 겉으로 보기에는 아무런 변화도 없지만(여전히 대머리지만), 머리카락이 (k + 1)가닥이 되었으므로 대머리가 아니게 된다.

여기에 모순이 발생하기 때문에 귀류법에 따라 가정인 '머리카락의 가닥수가 대머리를 결정하는 기준이다.'는 거짓입니다.

그러므로, **머리카락의 가닥수는 대머리인지 아닌지를 결정하는 기준이 아닌 것입니다!**

21

아인슈타인의 '2퍼센트 문제'

생큐 구라타

시험에 나올 가능성 ★ 분위기를 띄울 가능성 ★★ 사회생활에 도움이 될 가능성 ★

① 어떤 곳에 집 5채가 나란히 지어져 있습니다. 각각의 집은 빨간색, 노란색, 녹색, 흰색, 파란색 중 한 색으로 도색되어 있으며, 모든 집은 다른 집과 다른 색으로 칠해져 있습니다.

② 각 집에는 **영국인**, **독일인**, **노르웨이인**, **네덜란드인**, **스웨덴인** 가족이 살고 있습니다.

③ 각 가정에서는 다른 가정과 다른 음료수(커피, 물, 홍차, 우유, 맥주 중 하나)를 마시고 다른 담배(말보로, 호프, 캐스터, 세븐스타, 던힐 중 하나)를 피우며, 다른 반려동물(개, 고양이, 말, 새, 물고기 중 하나)을 키우고 있습니다.

④ 어떤 가정이든 다른 가정과 같은 음료수를 마시지 않으며 같은 담배를 피우지 않습니다. 반려동물도 마찬가지입니다.

⑤ **영국인** 가족은 빨간색 집에 삽니다.

⑥ **스웨덴인** 가족은 반려동물로 개를 키웁니다.

⑦ **네덜란드인** 가족은 홍차를 마십니다.

⑧ 녹색 집은 흰색 집의 왼쪽에 있습니다.

⑨ 녹색 집에 사는 가족은 커피를 마십니다.

⑩ 세븐스타를 피우는 가족은 반려동물로 새를 키웁니다.

⑪ 노란색 집에 사는 가족은 던힐을 피웁니다.

⑫ 정중앙의 집에 사는 가족은 우유를 마십니다.

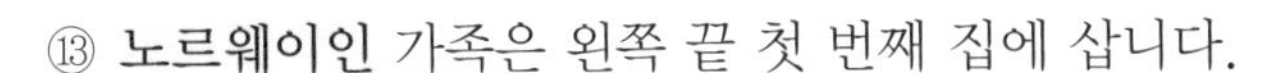

⑬ **노르웨이인** 가족은 왼쪽 끝 첫 번째 집에 삽니다.

⑭ 캐스터를 피우는 가족은 고양이를 키우는 가족의 이웃에 삽니다.

⑮ 반려동물로 말을 키우는 가족은 던힐을 피우는 가족의 이웃에 삽니다.

⑯ 호프를 피우는 가족은 맥주를 마십니다.

⑰ **독일인** 가족은 말보로를 피웁니다.

⑱ **노르웨이인** 가족은 파란색 집의 이웃에 삽니다.

⑲ 캐스터를 피우는 가족은 물을 마시는 가족의 이웃에 삽니다.

문제

반려동물로 물고기를 키우는 가족은 어느 나라 사람일까요?

답은 83쪽에 있습니다.

22

꿀벌은 육각형 벌집을 만들지 않는다?

요코야마 아스키

시험에 나올 가능성 0　　분위기를 띄울 가능성 ★★　　사회생활에 도움이 될 가능성 ★★

벌집이라고 하면 육각형으로 구멍이 수없이 나 있는 모습을 떠올리는 사람이 많을 것입니다. 그렇습니다. 구멍의 모양에 주목하면 육각형입니다. 하지만 관점을 살짝 바꾸면 육각형 이외의 모양이 보입니다.

벌의 입장에서 생각해 봅시다. 벌은 자신이 살 곳을 만들고자 벌집을 짓습니다. 그런데 이때 육각형의 구멍을 만들 목적으로 일할까요? 사실, 시점을 바꾸면 보이는 모양이 있습니다.

아래의 그림처럼 벽에 주목하면 육각형이 아니라 세 방향으로 뻗은 직선이 보입니다. 요컨대 벌은 구멍이 아니라 벽을 만드는 것이지요. 그렇게 생각하면 최소한의 동작으로 벽을 만들어서 벌집을 완성하는 편이 좋겠지요? 그래서 벌은 **세 방향으로 뻗은 벽을 만든 것입니다!**

육각형

2 1 1 3 1 3 2

세 방향의 선

23 번뇌를 날려 버리는 방법

다카타 선생

시험에 나올 가능성 0　　분위기를 띄울 가능성 ★★★　　사회생활에 도움이 될 가능성 0

인간에게는 108가지 번뇌가 있다고 합니다.

108 = 36 + 72 = 4×9 + 8×9 = **사구팔구 → 사고팔고(四苦八苦)**

번뇌에 휩싸인 사람은 사고팔고, 즉 심한 고통에 시달리는 것이지요.

한편 일본의 전설적인 프로레슬러 안토니오 이노키는 '1'과 '2'와 '3' 다음에 '다'를 붙여서 "1, 2, 3, 다—!"라고 외쳤는데, '다— = 0'라고 생각하면 안토니오 이노키가 4진법을 사용했음을 깨닫게 됩니다.

그러면 108을 이노키식 4진법으로 나타내면 어떻게 될까요?

```
4) 108
4)  27  … 다-   ↑
4)   6  … 3     │
     1  … 2     │
    └───────────┘
```

노, 노, 놀랍게도 '1, 2, 3, 다—'가 됩니다!

요컨대 안토니오 이노키는 "1, 2, 3, 다—!"라고 외침으로써 우리의 번뇌를 시원하게 날려 줬던 것입니다!

24

"Stopping Sneaky Sally"

아키타 다카히로

시험에 나올 가능성 ★★ 분위기를 띄울 가능성 ★ 사회생활에 도움이 될 가능성 ★

"Stopping Sneaky Sally"

미국의 교재에 나오는 "교활한 샐리의 도루를 저지하라!"

이것만 봐서는 어떤 단원의 이야기인지 전혀 알 수 없습니다. 미리 말해 두지만, 미국은 문장 문제에 실용적인 소재를 사용하는 경향이 있습니다.

다시 문제로 돌아가서, 선생님은 먼저 야구가 어떤 스포츠인지 설명하고 야구의 다이아몬드를 소개합니다. 다음에는 다이아몬드가 정사각형임을 설명하고 베이스와 베이스 사이의 거리가 90피트임을 알려 줍니다. 그리고 마지막으로 포수가 2루에 공을 보내려면 어느 정도의 거리를 던져야 하는지 생각하도록 합니다. 여기까지 들어도 아직 어떤 단원의 이야기인지 짐작하기가 어렵지요.

그리고 학생들에게 생각할 시간을 주면 **홈플레이트에서 2루 베이스까지 보조선을 긋고 피타고라스의 정리를 가르칩니다.**

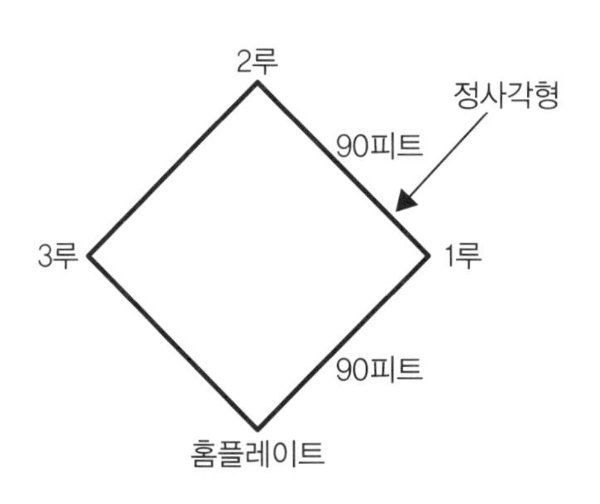

상당히 멀리 돌아가는 교수법이지만, 실생활과 연결되어 있어서 학생들의 흥미를 이끌어낼 수 있습니다.

학생을 가르칠 기회가 있고 시간이 넉넉한 독자가 있다면 부디 학생들에게 소개하고 학생들이 생각할 수 있도록 하십시오.

그런데 **제목에 나온** Sneaky Sally**는 결국 끝까지 나오지 않았네요.**

25

절단 가능 소수

생큐 구라타

시험에 나올 가능성 0 분위기를 띄울 가능성 ★★★ 사회생활에 도움이 될 가능성 ★

373393은 소수(素數)입니다. 37339도 소수입니다. 3733도 소수입니다. 373도 소수이며, 37도 소수입니다. 3도 소수이지요. 그런데 지금 나열한 수에서 어떤 규칙을 느끼지 못하셨나요? 그렇습니다. 373393을 일의 자리에서부터 하나씩 지워 나간 것이지요. 이와 같이 일의 자리에서부터 하나씩 지워 나가도 계속 소수가 되는 수를 **'절단 가능 소수'**라고 합니다.

절단 가능 소수의 그룹에서 가장 큰 수를 '생성수'라고 부르는데(앞에서 예로 든 수의 경우는 373393), 이 생성수의 개수는 유한하다는 사실이 밝혀졌습니다. 여기에서는 절단 가능 소수의 개수가 유한개임을 증명해 보겠습니다.

먼저, 생성수는 두 자리 이상의 소수입니다. 그리고 절단 가능 소수는 왼쪽 끝의 수도 소수여야 합니다. 따라서 왼쪽 끝의 수는 2, 3, 5, 7이 되지요. 그 오른쪽에 붙는 수는 짝수와 0과 5를 제외한 수여야 하므로 1, 3,

```
2 ─┬─ 3 ─┬─ 3 ─┬─ 3 − 3
   │     │     └─ 9 − 9 − 3 − 3 − 9
   │     └─ 9 ─┬─ 3
   │           └─ 9 − 3 − 3 − 3
   └─ 9 − 3 − 9 − 9 − 9 − 9 − 9

3 ─┬─ 1 ─┬─ 1 − 9 − 3
   │     ├─ 3
   │     └─ 7 − 7 − 9
   └─ 7 ─┬─ 3 ─┬─ 3 ─┬─ 7 − 9
         │     │     └─ 9 − 3
         │     └─ 9 − 7
         └─ 9 ─┬─ 3
               └─ 7

5 ─┬─ 3
   └─ 9 ─┬─ 3 − 9 ─┬─ 3 − 3 − 3 − 9
         │         └─ 9 − 3
         └─ 9

7 ─┬─ 1 − 9 − 3 − 3 − 3
   ├─ 3 ─┬─ 3 ─┬─ 1
   │     │     └─ 3 − 1
   │     └─ 9 − 3 − 9 ─┬─ 1 − 3 − 3
   │                   ├─ 3 ─┬─ 1
   │                   │     └─ 3
   │                   ├─ 7
   │                   └─ 9
   └─ 9 − 7
```

7, 9를 붙이고, 그중에서 소수가 되지 않는 것을 걸러냅니다. 이 작업을 계속하면 붙일 수 있는 수가 점점 줄어들기 때문에 생성수는 유한개임을 알 수 있습니다.

절단 가능 소수의 활용법

여러분이 미팅을 했는데 대화도 별로 없고 분위기가 어색해서 분위기 전환을 위해 게임을 하게 되었다고 가정합시다. 이런 자리에서 많이 하는 게임으로, 나라 이름이라든지 지하철역의 이름 등의 주제를 정해 놓고 한 명씩 돌아가면서 대답하는 것이 있습니다. 물론 대답하지 못하거나 이미 나온 대답을 또 하면 벌칙을 받게 되고요. 어쨌든, 만약 여러분부터 시작되는 게임의 주제가 '소수'일 경우 **73939133만 외워 놓으면 8번이나 대답할 수 있습니다.**

설령 미팅에 참가한 모두가 수학을 좋아하고 소수에 관심이 있어서 100까지의 소수를 알고 있다 하더라도 100까지의 소수는 25개뿐입니다. 미팅의 최소 인원은 4명이므로 7번만 대답할 수 있으면 승리한다는 계산이 나오지요. 73939133을 기억해 놓고 3이나 13만 선점한다면 승리는 여러분의 것입니다.

게임 벌칙으로 데킬라를 마시게 하든, 세계 7대 수학 난제인 밀레니엄 문제를 혼자서 풀게 하든, 그것은 여러분의 자유입니다. 73939133은 여러분에게 압도적 승리를 약속할 것입니다.

26

나이별 칭찬 방법

요코야마 아스키

시험에 나올 가능성 0　　분위기를 띄울 가능성 ★　　사회생활에 도움이 될 가능성 ★★★

수에는 저마다 성질이 있습니다.

예를 들어 '6'은 자신을 제외한 약수를 더하면 자기 자신이 되는 '완전수'입니다. 이와 같은 수의 성질을 술술 말할 수 있게 되면 어떤 수를 접하더라도 유용하게 활용할 수 있지요.

미팅 등에서 처음 만난 사람의 나이를 들었을 때 그 나이에 해당하는 수의 성질을 말할 수 있다면 틀림없이 상대에게 좋은 인상을 남길 수 있을 것입니다. 그런 의미에서 20세부터 39세까지의 수의 성질을 소개하겠습니다.

20은 한 자리 짝수의 합(2+4+6+8)
21은 주사위 눈의 합계
22는 구구단에 등장하지 않는 가장 작은 합성수
23은 연속된 세 소수의 합(5+7+11)으로 나타낼 수 있는 가장 작은 소수
24는 1부터 4까지의 수의 곱
25는 5의 제곱
26은 제곱하면 대칭수가 되는 수
27은 3제곱수
28은 완전수

29는 소수

20대의 수의 성질만 살펴봤는데도 벌써 배가 잔뜩 불러오는 느낌입니다.

이어서 30대입니다.

30은 1부터 10까지의 짝수의 합

31은 자신과 숫자 순서를 바꾼 13이 모두 소수

32는 2의 5제곱

33은 1부터 4의 계승의 합

34는 피보나치 수 중 하나

35는 1부터 5까지의 홀수의 제곱의 합

36은 제곱수

37은 31과 마찬가지로 자신과 숫자 순서를 바꾼 73이 모두 소수

38은 1부터 5까지의 소수의 제곱의 합

39는 3의 1제곱과 3의 2제곱과 3의 3제곱의 합

꼭 써 보시기 바랍니다.

27 미국 어느 사과 회사의 입사 시험

생큐 구라타

시험에 나올 가능성 ★ 분위기를 띄울 가능성 ★★ 사회생활에 도움이 될 가능성 ★★

미국의 어느 사과 회사의 입사 면접에서 다음과 같은 문제가 나왔다고 합니다.

"동전 100닢이 있습니다. 100닢 중 10닢은 앞면이고 90닢은 뒷면이지요. 여러분은 시각, 촉각, 그 밖의 어떤 방법으로도 동전이 앞면인지 뒷면인지 알아낼 수 없습니다. 이 동전 100닢을 두 그룹으로 나눠서 두 그룹 모두 앞면인 동전의 수가 똑같아지도록 만드십시오."

여러분이라면 이 문제에 어떻게 대답하겠습니까?

동전 하나하나의 앞뒷면을 확인할 수 없는 상태에서 어떻게든 앞면인 동전의 수가 두 그룹 모두 똑같아지도록 만들어야 합니다. 물론 두 그룹으로 나눠야 하므로 동전을 만질 수는 있지만, 아무리 만져 본들 앞면인지 뒷면인지는 알 수 없습니다.

답은 **"10닢과 90닢의 그룹으로 나눈 다음 10닢 그룹의 동전을 전부 뒤집는다."**입니다.

예를 들어 10닢 그룹에 앞면인 동전이 2닢 있다고 가정하겠습니다. 그러면 90닢 그룹에는 앞면인 동전이 8닢 있게 됩니다. 이때 10닢 그룹을 전부 뒤집으면 앞면인 동전이 8닢이 되므로 90닢 그룹과 앞면인 동전의 수가 같아지지요.

여러분이라면 면접에서 질문을 받고 이 해답을 즉시 이끌어낼 수 있었을까요? 그 회사의 CEO는 **"우리가 원하는 인재는 머리가 엄청나게 좋은 사람(wicked smart)이다."**라고 말했다 합니다.

28 미국 어느 창문 회사의 입사 시험

생큐 구라타

시험에 나올 가능성 ★ 분위기를 띄울 가능성 ★★ 사회생활에 도움이 될 가능성 ★

미국의 어느 창문 회사의 입사 면접에서 다음과 같은 문제가 나왔다고 합니다.

"이 삼각형의 넓이를 구하시오."

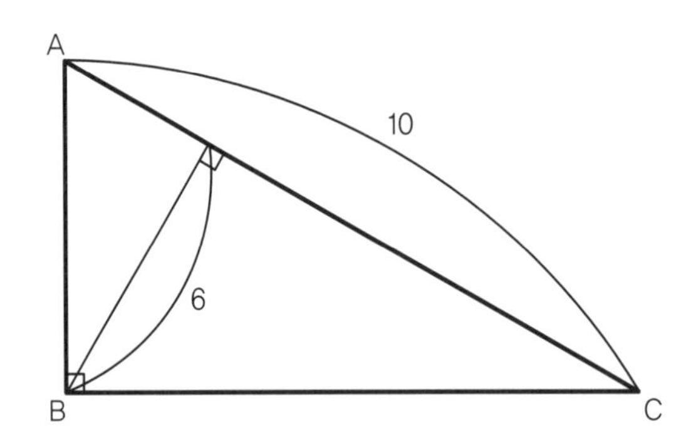

삼각형의 넓이를 구하는 공식은 밑변×높이÷2이므로 10×6÷2=30일까요?

아닙니다. **"이런 삼각형은 존재하지 않는다."**라고 대답해야 정답입니다.

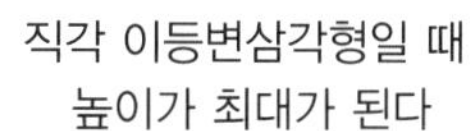

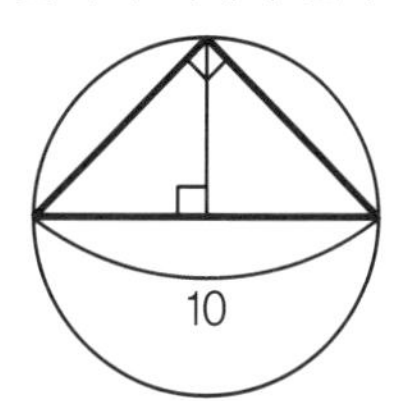

하지만 높이의 최댓값은 5

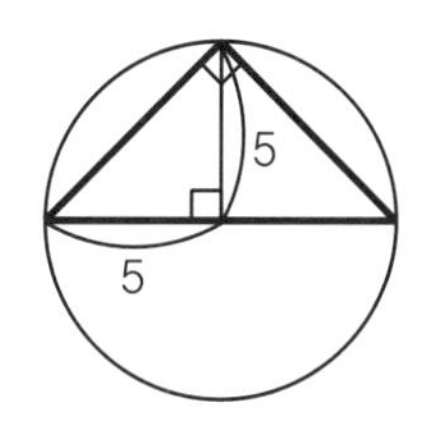

존재하지 않는다!

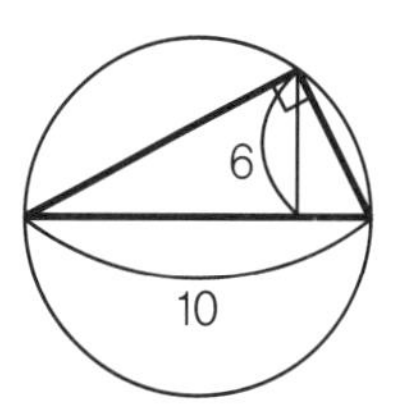

"입사 시험에서 밑변×높이÷2를 알고 있는지 물어볼 리가 없다."라고 생각한 분은 금방 풀 수 있었을지도 모르겠습니다.

29 거스름돈을 계산하는 방법

요코야마 아스키

시험에 나올 가능성 ★ 분위기를 띄울 가능성 ★ 사회생활에 도움이 될 가능성 ★★★

7,300원짜리 상품을 사면서 만원권 지폐를 냈을 때 거스름돈은 2,700원이 됩니다. 여러분은 이 2,700원을 어떻게 계산하시나요?

거기 **"물론 암산이지!"**라고 대답하신 분. 물론 틀린 대답은 아니지만, 제가 물어본 것은 암산을 하느냐, 필산을 하느냐, 계산기를 쓰느냐가 아닙니다. 계산을 할 때 10,000에서 300을 빼서 9700, 그리고 여기에서 7000을 빼서 2700과 같은 식으로 답을 구했을 것입니다. 아니면 10000에서 7000을 빼서 3000, 여기에서 300을 빼도 2700이라는 답을 얻을 수 있지요. 이것을 **'뺄셈을 이용한 거스름돈 계산'**이라고 명명한다면, 한편으로 **'덧셈을 이용한 거스름돈 계산'**도 있습니다.

'덧셈을 이용한 거스름돈 계산'은 이런 방법으로 계산을 합니다. 먼저 7,300원짜리 상품의 백의 자리에 주목해, 700원을 더해 8,000으로 만듭니다. 다음에는 2,000원을 더함으로써 1만 원으로 만들지요. 그리고 마지막으로 700원과 2,000원을 더하면 거스름돈이 2,700원임을 알 수 있습니다.

어느 쪽이 더 간단한가는 취향의 문제일지도 모르지만, 덧셈 쪽이 더 쉽게 구할 수 있을 것 같은 기분이 들지 않나요?

꼭 한 번 실천해 보시기를 바랍니다!

30

1초면 배우는 필요충분조건

요코야마 아스키

시험에 나올 가능성 ★★★ 분위기를 띄울 가능성 ★ 사회생활에 도움이 될 가능성 ★

필요조건과 충분조건이 헷갈린 적은 없으신가요? p라면 q다, 즉 p→q일 때 p는 q이기 위한 충분조건이 됩니다. 한편 q라면 p다, 즉 p←q일 때 p는 q이기 위한 필요조건이 되지요.

이것을 한눈에 이해할 수 있는 그림이 이것입니다. 한글 자음 순서로 'ㅊ'이 'ㅍ' 앞에 나옵니다. 화살표가 시작하는 곳에 'ㅊ'을, 화살표가 도착하는 쪽에 'ㅍ'을 두면 간단히 알 수 있습니다.

p → q	p ← q
pㅊ → q	pㅍ ← q
충분조건	필요조건

어떤가요? 간단하지요?

31

로그는 분수와 매우 비슷하다!

다카타 선생

시험에 나올 가능성 ★★ 분위기를 띄울 가능성 ★★ 사회생활에 도움이 될 가능성 ★

로그가 어렵게만 느껴지는 분은 로그란 분수 같은 것이라고 생각해도 좋을지 모릅니다.

'8/2 = 4'는 '8 속에 2가 4개 있다.'라는 의미이지요? 마찬가지로 '$\log_2 8 = 3$'은 '8 속에 2가 3개 있다.'가 됩니다.

요컨대 분수는 '덧셈의 세계'에서 '분자 속에 분모가 몇 개 있는가?'를 생각하는 것이고, 로그는 '곱셈의 세계'에서 '진수 속에 밑이 몇 개 있는가?'를 생각하는 것입니다.

덧셈과 곱셈의 차이가 있을 뿐 로그와 분수는 거의 같은 개념인 것이지요! '대수 ≒ 분수'입니다!

비슷한 점은 이뿐만이 아닙니다. 분수는 분모가 같으면 덧셈과 뺄셈을 할 수 있고, 로그는 밑이 같으면 덧셈과 뺄셈을 할 수 있습니다. 분모와 분자에 같은 약수가 있으면 그 약수는 상쇄되며, 밑과 진수에 같은 지수가 있으면 그 지수는 상쇄됩니다. (원래의 분수)×(분모와 분자를 서로 바꾼 분수) = 1이 되며, (원래의 로그)×(밑과 진수를 서로 바꾼 로그) = 1이 되지요. 그 밖에도 유사한 점이 많습니다.

여러분도 로그와 분수의 유사점을 찾아보시기 바랍니다! 그러면 **자연로그의 밑처럼 로그가 쉽게('e'asy) 느껴질 것입니다!**

32

신기한 8×8 마방진

요코야마 아스키

시험에 나올 가능성 0　　분위기를 띄울 가능성 ★★★　　사회생활에 도움이 될 가능성 ★

마방진이 반드시 3×3이어야 할 필요는 없습니다. 4×4나 5×5 마방진도 있지요. 아니, 그보다 훨씬 큰 마방진도 만들 수 있습니다. 그중에서 재미있는 성질을 지닌 마방진이 있어 소개하려 합니다.

바로 8×8 **마방진**입니다.

통상적인 마방진과 마찬가지로 가로와 세로, 대각선 방향으로 더한 값이 모두 같습니다. 이렇게 보면 평범한 마방진인데, 이 **마방진의 각 수를 제곱하면**……,

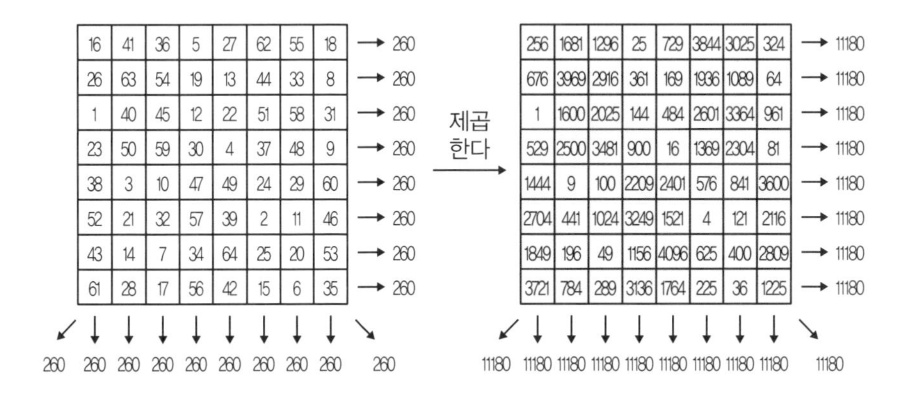

16	41	36	5	27	62	55	18	→ 260
26	63	54	19	13	44	33	8	→ 260
1	40	45	12	22	51	58	31	→ 260
23	50	59	30	4	37	48	9	→ 260
38	3	10	47	49	24	29	60	→ 260
52	21	32	57	39	2	11	46	→ 260
43	14	7	34	64	25	20	53	→ 260
61	28	17	56	42	15	6	35	→ 260
↓ 260	↓ 260	↓ 260	↓ 260	↓ 260	↓ 260	↓ 260	↓ 260	

↙ 260　　↘ 260

256	1681	1296	25	729	3844	3025	324	→ 11180
676	3969	2916	361	169	1936	1089	64	→ 11180
1	1600	2025	144	484	2601	3364	961	→ 11180
529	2500	3481	900	16	1369	2304	81	→ 11180
1444	9	100	2209	2401	576	841	3600	→ 11180
2704	441	1024	3249	1521	4	121	2116	→ 11180
1849	196	49	1156	4096	625	400	2809	→ 11180
3721	784	289	3136	1764	225	36	1225	→ 11180
↓ 11180	↓ 11180	↓ 11180	↓ 11180	↓ 11180	↓ 11180	↓ 11180	↓ 11180	

↙ 11180　　↘ 11180

놀랍지 않나요?

33

명쾌한 성격의 소유자 '3912657840'

생큐 구라타

시험에 나올 가능성 ★ 분위기를 띄울 가능성 ★★★ 사회생활에 도움이 될 가능성 0

3912657840

이 수는 0부터 9까지의 모든 숫자를 한 번씩만 사용해서 만들어졌습니다. 모든 요소를 갖춘 이 수를 사람들은 **'전자리 수(Pandigital number)'**라고 부르지요.

전자리 수는 모든 숫자를 최소 한 번씩 사용한 수입니다. 그런데 이 3912657840은 그중에서도 각별한 존재이지요. 다음은 이 수를 2부터 9까지의 수로 나눈 결과입니다.

3912657840÷2=1956328920

3912657840÷3=1304219280

3912657840÷4=978164460

3912657840÷5=782531568

3912657840÷6=652109640

3912657840÷7=558951120

3912657840÷8=489082230

3912657840÷9=434739760

어떤 수로 나눠도 나누어떨어집니다. 모호함 따위는 없는, 참으로 명쾌한 성격의 소유자이지요. 그리고 복수의 두 자리 숫자에 대해서도 같은 성격을 보여줍니다.

$3912657840 \div 39 = 100324560$

$3912657840 \div 91 = 42996240$

$3912657840 \div 12 = 326054820$

$3912657840 \div 26 = 150486840$

$3912657840 \div 65 = 60194736$

$3912657840 \div 57 = 68643120$

$3912657840 \div 78 = 50162280$

$3912657840 \div 84 = 46579260$

$3912657840 \div 40 = 97816446$

여기에서 분모는 나눴을 때 나누어떨어지는 수를 무작위로 고른 것이 아니라 3912657840에 포함되어 있는 서로 이웃한 두 수입니다.

전자리 수에 대한 재미있는 이야기는 더 있습니다.

10자리의 전자리 수 가운데 가장 큰 제곱수는 9814072356 = 990662입니다. 또한 전자리 수이면서 프리드먼 수(168쪽 참조)인 것도 있지요.

$123456789 = ((86 + 2 \times 7)^5 - 91)/3^4$

$987654321 = (8 \times (97 + 6/2)^5 + 1)/3^4$

34

서류를 상대방에게 안전하게 전달하는 방법

요코야마 아스키

시험에 나올 가능성 0　　분위기를 띄울 가능성 ★★　　사회생활에 도움이 될 가능성 ★★

다른 사람이 봐서는 안 될 어떤 서류를 작은 금고에 넣어서 상대방에게 보내려 합니다. 이때 그 금고를 다른 사람이 절대 열 수 없도록 전달하는 방법을 생각해 보겠습니다. 금고에 자물쇠를 채우는 것은 당연한데, 문제는 그 열쇠를 상대방에게 보내는 과정에서 누군가가 가로챌 수도 있다는 것입니다. 어떻게 해야 좋을지 생각해 보십시오. 힌트는 '두 번 왕복시킨다.'입니다.

그러면 정답을 살펴봅시다. 정답은 다음과 같습니다.

① 먼저 A가 자물쇠로 금고를 잠그고 B에게 보낸다.

② B는 자신이 준비한 자물쇠로 그 금고를 한 번 더 잠근 뒤 다시 A에게 보낸다.

③ A는 자신이 잠근 자물쇠를 연 다음 다시 B에게 보낸다.

④ 마지막으로 B가 자신이 잠근 자물쇠를 열어 무사히 금고의 내용물을 손에 넣는다.

어떤가요? 아주 예술적인 해답이지요?

35

천재 수학자의 잠 못 드는 밤

다카타 선생

시험에 나올 가능성 ★ 분위기를 띄울 가능성 ★★ 사회생활에 도움이 될 가능성 ★

어느 날 밤, 천재 수학자 파스칼은 충치 때문에 이가 아파 잠을 이룰 수가 없었습니다. 그래서 아픔을 잊고자 수학 문제를 생각하기로 했습니다. 이때 파스칼이 연구했던 것이 원을 굴렸을 때 원주 위의 한 점이 어떤 궤적을 그리는지 생각하는 사이클로이드에 관한 문제였습니다.

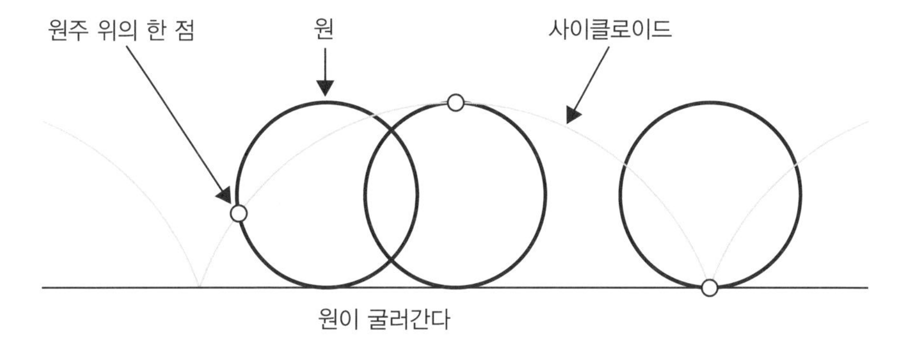

아픈 이를 꾹 누르면서, 때로는 극심한 치통에 바닥을 뒹굴면서 원을 굴리는 문제를 생각하는 파스칼.

바닥을 뒹굴다 문제 해결의 실마리를 발견한 파스칼은 어느덧 아픔도 잊고 문제에 몰두했습니다. 그리고 마침내 문제를 다 푼 뒤 정신을 차려 보니 어느덧 동이 트고 있었지요. 치통도 가라앉았습니다.

이렇게 해서 파스칼의 연구와 충치는 점점 진행되었다나 뭐라나…….

여러분은 **충치가 생겼으면 하루라도 빨리 치과에 가시기 바랍니다!**

36

머리카락 개수를 세는 방법

요코야마 아스키

시험에 나올 가능성 0 분위기를 띄울 가능성 ★★ 사회생활에 도움이 될 가능성 ★★

머리카락의 개수를 세는 방법을 생각해 봅시다. 단, 한 가닥씩 일일이 세는 것보다 효율적인 방법을 찾습니다.

이 머리카락 개수를 세는 방법은 사실 여러 가지가 있습니다. 그중 하나는,

- $1cm^2$(제곱센티미터)에 나 있는 머리카락의 개수를 센다.
- 머리카락이 나 있는 표면적을 구한다.

입니다. 가장 견실한 방법이라고 할 수 있을지도 모르겠네요.

그 밖에,

- 머리카락을 하나로 묶어서(포니테일처럼) 그 묶음의 지름을 측정한다.
- 머리카락 하나의 굵기를 측정한다.

같은 방법도 있습니다.

또한,

- 머리를 깨끗하게 민다.
- 일주일 동안 방치했다가 다시 깨끗하게 민다. 이때 깎은 머리카락의 전체 무게와 머리카락 한 가닥의 무게를 비교해서 계산한다.

라는 대담무쌍한 방법도 있지요. 어떤 방법을 사용하든 상당히 정확한 값을 구할 수 있을 것입니다.

여러분도 머리카락의 개수를 세는 여러분만의 방법을 궁리해 보시기 바랍니다!

＼ 60쪽의 답 ／

일반적으로 알버트 아인슈타인이 만들었다고 알려진, 논리적 사고로 푸는 문제입니다. 정답률은 2퍼센트라고 하네요. 주어진 조건을 공책에 옮겨 적고 가능성이 없는 것을 배제해 나가면 답이 '독일'임을 알 수 있습니다.

COLUMN

소리 내어 읽고 싶은 수학 용어 — ❷

드래곤 곡선

해설

하나의 곡선이나 도형에서 일정한 변형 패턴을 무한히 반복해 나가면 신기한 도형이 됩니다. 드래곤 곡선도 그런 패턴으로 만들어지는 곡선이지요. 그 아름다운 형태와 비늘을 연상시키는 무늬를 보면 어딘가 드래곤 같다는 생각이 듭니다.

제2장

초등학생도 매료되는 산수 이야기

37

기억해 두면 유용한 길이

요코야마 아스키

시험에 나올 가능성 0　　분위기를 띄울 가능성 ★　　사회생활에 도움이 될 가능성 ★★★

우리는 초등학교 때 미터 등 길이 '단위'에 대해 배웁니다. 하지만 그 뒤로는 구체적으로 배울 기회가 거의 없지요. 여기에서는 기억해 두면 실생활에서 도움이 되는 길이를 정리해 봤습니다.

- 엄지손가락의 폭은 약 2센티미터
- 손가락을 펼쳤을 때 새끼손가락 끝에서 엄지손가락 끝까지의 길이는 약 20센티미터
- 팔꿈치에서 손가락 끝까지의 길이는 약 40센티미터
- A4 용지의 짧은 쪽 변은 21센티미터
- 야구 배트의 길이는 약 1미터

이것을 기억해 두면 우리 주변에 있는 사물의 길이를 좀 더 쉽게 파악할 수 있을지도 모릅니다.

기회가 된다면 꼭 활용해 보십시오!

38 기억해 두면 유용한 무게

요코야마 아스키

시험에 나올 가능성 0　　분위기를 띄울 가능성 ★　　사회생활에 도움이 될 가능성 ★★★

우리는 초등학교 때 그램 등 무게 '단위'에 대해 배웁니다. 하지만 그 뒤로는 구체적으로 배울 기회가 거의 없지요. 여기에서는 기억해 두면 실생활에서 도움이 되는 무게를 정리해 봤습니다.

- 10원 동전의 무게는 1.22그램
- 500원 동전의 무게는 7.7그램
- 달걀의 무게는 약 60그램
- 일반 남성용 농구공의 무게는 약 600그램
- 우유 한 팩 1,000그램

이런 무게들을 몸으로 기억해 놓으면 사물을 들어 보기만 해도 대략적인 무게를 상상할 수 있게 될지도 모릅니다.

기회가 된다면 꼭 시험해 보십시오!

39

‘크다’, ‘작다’를 구분하는 방법

다카타 선생

시험에 나올 가능성 ★★ 분위기를 띄울 가능성 ★★ 사회생활에 도움이 될 가능성 ★★

‘>’와 ‘<’ 중 어느 쪽이 ‘크다’이고 어느 쪽이 ‘작다’인지 헷갈린 적은 없으신가요? 그런 분들을 위해 한 번 들으면 절대 잊어버리지 않는 구분법을 소개하겠습니다!

‘>’는 ‘크다’입니다!
왼쪽이 큰 쪽이 ‘크다’! ‘왼쪽’이 ‘크다’!
즉 **‘왼쪽 크다 = 웬 조크다!’**
중요한 내용이므로 다시 한 번 말하겠습니다.
“웬 조크다!”

이것만 기억해 놓으면 ‘<’는 자연스럽게 ‘작다’가 되지요.

여담이지만, 일본에서는 ‘≧’를 ‘크거나 이퀄’, ‘≦’를 ‘작거나 이퀄’이라고 하는데, 이 ‘일본어+영어’의 조합이 어딘가 어색하게 느껴지지 않나요?

그리고 여담의 여담인데, ‘=’는 ‘등호’이고 ‘>, <, ≧, ≦’는 ‘부등호’라고 중학교 때 배우셨을 겁니다. 그렇다면 ‘≠’는 뭐라고 하는지 아시나요? ‘≠는 등호가 아니니까 부등호지!’라고 생각하신 분은 아차상!

정답은 '등호 부정'입니다.

'부등호'는 '같지 않음(부등)을 나타내는 기호'라는 의미이지 '등호가 아니다.'라는 뜻이 아닙니다! 만약 '부등호'가 '등호가 아니다.'라는 의미였다면 '=' 이외의 모든 기호가 부등호여야 하므로 #(해시)나 卍(만)도 부등호가 되어 버리지요.

40 숫자 모양에 숨겨진 비밀

다카타 선생

시험에 나올 가능성 0　　분위기를 띄울 가능성 ★★　　사회생활에 도움이 될 가능성 ★★

먼 옛날, 숫자의 모양에는 어떤 규칙성이 있었습니다.

아래는 오늘날 사용하는 숫자의 원형으로 알려진 초기 아라비아 숫자입니다. 여기에 어떤 규칙성이 있는지 발견하셨나요?

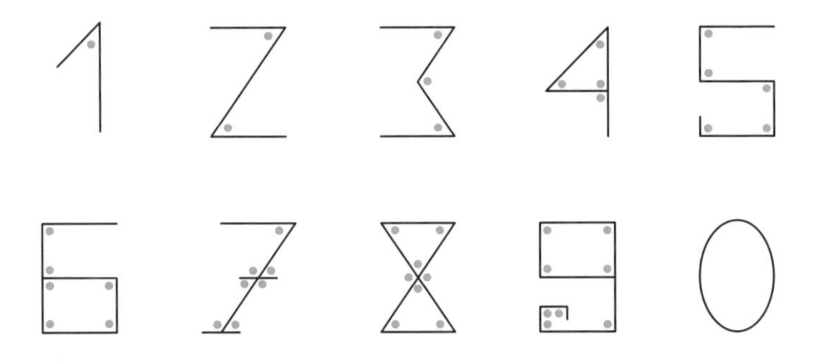

힌트는 '각의 수'입니다.

각의 수에 주목하면, 1은 각이 1개, 2는 각이 2개, 3은 각이 3개……와 같이 숫자와 각의 수가 일치함을 알 수 있습니다. 그리고 0에는 각이 없지요!

정말 기분이 개운해지는 규칙성이네요!

그런데 한자로 표현하면 어떨까요?

六 七 八 九 零

획수에 주목하면, 일(一)은 1획, 이(二)는 2획, 삼(三)은 3획입니다. 여기까지는 좋았지만 사(四)는 5획이고 오(五)는 4획이어서 숫자와 획수가 뒤바뀌어 버립니다!

으음……. 왠지 개운하지가 않네요!

이후에도 육(六)은 4획, 칠(七) · 팔(八) · 구(九)는 2획인 등 규칙성이라고는 전혀 찾아볼 수가 없습니다!

심지어 영(零)은 13획이나 됩니다! 대체 왜 영의 획수가 가장 많은 거냐!

그래서 초기의 아라비아 숫자를 참고하여 제가 고안한 숫자와 획수를 일치시킨 한숫자(漢數字)가 이것입니다!

一 二 三 ▽ 五

六 七 八 九

으음……. 그러니까 제가 하고 싶은 말이 무엇인가 하면, **"0획은 쓸 방법이 없다!"**는 것입니다.

41

0이 발견되기 전의 세계

다카타 선생

시험에 나올 가능성 0　　분위기를 띄울 가능성 ★★　　사회생활에 도움이 될 가능성 ★★

0이 발견되기 전에는 0 부분을 공백으로 표시했다고 합니다.

그러니까 '101'은 '1 1'로, '1001'은 '1 1'로 표시한 것이지요. 알아보기가 조금 힘드네요…….

10이나 100의 경우는 '1 '과 '1 '이 되니 전혀 구분이 되지 않습니다.

이 표기법의 유일한 장점은 시험에서 10점을 받았을 때 **100점을 받은 척 할 수 있다는 것뿐이네요!**

42 10진법 외의 진법을 사용하는 사람들

다카타 선생

시험에 나올 가능성 0　　분위기를 띄울 가능성 ★★　　사회생활에 도움이 될 가능성 ★

현재 대부분의 나라와 지역에서는 '0, 1, 2, 3, 4, 5, 6, 7, 8, 9'라는 10개의 숫자를 사용해 수를 표기합니다.

이 표기 방법을 '10진법'이라고 하지요.

우리가 10진법을 사용하는 이유는 아마도 손가락의 수가 10개이기 때문일 것입니다. 만약 우리의 손가락이 12개였다면 12진법을 사용했을 것이고, 우리의 손이 가위였다면 4진법을 사용했겠지요.

그런데 이 세상에는 10진법이 아닌 다른 진법을 사용하는 사람들도 있습니다.

가령 어떤 부족은 8진법을 사용합니다. 물론 그들의 손가락 수는 우리와 같은 10개입니다. 그럼에도 그들은 8진법을 사용하지요.

왜 8일까요? 그들은 사물을 집어서 옮길 때 손가락과 손가락 사이에 물건을 끼운다고 합니다. 손가락은 10개이므로 손가락과 손가락 사이는 8개입니다. 끼울 수 있는 물건도 당연히 8개이지요. 그래서 8진법을 사용하는 것입니다!

만약 그들이 두 손으로 물건을 잡아서 옮기는 습관이 있었다면 1진법을 썼을지도 모르겠네요!

43

왜 '서기 0년'은 없는 것일까?

다카타 선생

시험에 나올 가능성 0 　 분위기를 띄울 가능성 ★★ 　 사회생활에 도움이 될 가능성 ★★

서기(西紀)에는 0년이 없습니다. 기원전 1년의 다음 해는 기원후 1년이지요. 왜 서기에는 0년이 없는 것일까요?

답은 매우 단순합니다.

서기가 사용되기 시작한 시기는 기원후 500년대입니다. 그리고 0이 서양에 전해진 시기는 기원후 800년대입니다.

요컨대 **서기가 사용되기 시작한 당시에는 서양에 아직 0이 존재하지 않았던 것이지요!**

여담이지만, 천문학의 세계에서는 서기 X년의 별의 위치를 Y라고 하고 X와 Y의 관계를 식으로 나타냅니다. 그런데 이때 서기 0년이 없으면 곤란하기 때문에 기원후 2년→서기 2년, 기원후 1년→서기 1년, 기원전 1년→서기 0년, 기원전 2년→서기 −1년, 기원전 3년→서기 −2년으로 정의합니다.

이것도 여담이지만, 일본의 건물에는 0층이 없습니다. 지하 1층에서 한 층을 올라가면 지상 1층이 나오지요. 하지만 **유럽에서는 일본의 지상 1층 부분을 0층이라고 합니다.**

으음……. 그러니까 제가 하고 싶은 말은,

"헷갈리니까 제발 하나로 통일하라고!"

44 이스라엘에서 덧셈 기호 '+'를 사용하지 않는 이유

다카타 선생

시험에 나올 가능성 0　분위기를 띄울 가능성 ★★　사회생활에 도움이 될 가능성 ★

대부분의 나라에서는 덧셈 기호로 '+'를 사용하지만, 이스라엘 사람들은 '⊥'라는 기호를 사용합니다.

왜 이스라엘 사람들은 '+'를 사용하지 않는 걸까요?

그것은 종교적인 이유에서입니다.

'+'라는 기호를 유심히 살펴보십시오.

뭔가가 보이지 않습니까? 그렇습니다. 십자가지요!

이스라엘 사람들은 크리스트교의 상징인 십자가를 피하려고 '+'가 아닌 '⊥'를 사용하는 것입니다.

만약, 오늘날에도 숫자를 아라비아 숫자가 아니라 한숫자로 표기했다면 우리는 덧셈과 뺄셈의 기호로 다른 기호를 사용하고 있었을 것입니다.

그도 그럴 것이, 10－11＋1을 손으로 쓰면,

十－十一+一이 되어서 어느 것이 기호이고 어느 것이 숫자인지 헷갈릴 테니까요!

45

일본에서 '정(正)'의 반대가 '부(負)'인 이유

다카타 선생

시험에 나올 가능성 0 　 분위기를 띄울 가능성 ★★ 　 사회생활에 도움이 될 가능성 ★

일본에서는 +를 '정(正)의 부호', −를 '부(負)의 부호'라고 하고 오른쪽 방향을 '정(正)의 방향', 왼쪽 방향을 '부(負)의 방향'이라고 합니다. **왜 '正'의 반대가 '負'인지 궁금하지 않으신가요?**

그 의문은 '正'의 한자가 어떻게 탄생했는지에 주목하면 금방 해결됩니다.

'正'의 첫 획인 '一'은 '나라(國)', 첫 획을 제외한 '止'는 '발(足)'을 의미합니다. 요컨대 '正'에는 '싸우기 위해 적국을 향해 나아간다.'라는 의미가 담겨 있지요.

적을 향해 나아가는 것이 '正(바르다)'이고 적으로부터 도망치는 것이 '負(지다)'입니다. 이렇게 생각하면 수긍이 가지 않나요?

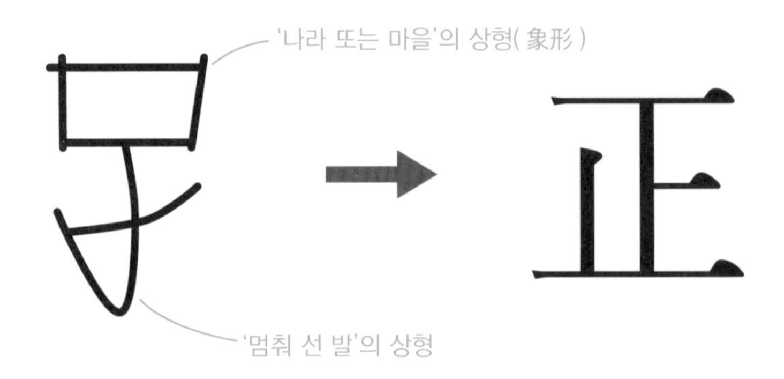

46 구구단 표의 여러 가지 성질

요코야마 아스키

시험에 나올 가능성 ★ 분위기를 띄울 가능성 ★★ 사회생활에 도움이 될 가능성 ★

구구단 표에는 여러 가지 성질이 감춰져 있습니다.

이를테면,

- 1×1부터 9×9를 대각선으로 연결하면 그 선을 대칭선으로 삼아 같은 숫자가 나열되고,
- 1×9부터 9×1을 대각선으로 연결하면 1의 자리만 같은 숫자가 선대칭으로 나열된다.

그 밖에도 찾아보면 여러 가지 재미있는 성질이 있답니다.

- 나오는 숫자의 가짓수는 36종류뿐
- 한 번밖에 안 나오는 숫자는 1, 25, 49, 64, 81뿐
- 네 번 접었을 때 겹쳐진 숫자를 더하면 100이 된다.

등등…….

아이와 함께 구구단 표에 감춰져 있는 성질을 찾아보는 게임을 해 보면 시간 가는 줄 모르고 몰두하게 될지도 모릅니다.

47 '7부 길이'는 올바른 표현인가?

다카타 선생

시험에 나올 가능성 0 　 분위기를 띄울 가능성 ★ 　 사회생활에 도움이 될 가능성 ★

한자로 비율을 나타낼 때 우리는 **'할 · 푼 · 리'**를 사용합니다.

가령 타율 0.345(=34.5퍼센트)는 3할 4푼 5리이지요.

요컨대 1할=10퍼센트, 1푼=1퍼센트, 1리=0.1퍼센트임을 알 수 있습니다.

또한 '푼'은 '부'라고도 합니다. 가령 5부 이자는 금리가 5퍼센트라는 뜻이지요.

그런데 그렇다는 말은……,

7부 길이 바지=7퍼센트 길이 바지=핫팬츠!?

물론 7부 길이 바지는 핫팬츠가 아닙니다. 그렇다면 7부 길이라는 표현이 잘못된 것 아닐까요?

사실은 잘못된 표현이 아닙니다!

원래 '푼(부)'은 '1/10'을 나타내는 말입니다. 체온을 잴 때 섭씨 36.5도를 36도 5부라고도 읽는데 여기에서 '1부'는 '1도의 1/10=0.1도'라는 의미이지요. (참고로 '리'는 '1/100'을 나타냅니다.)

그러므로 '할 · 푼(부) · 리'를 사용해서 비율을 나타낼 때 '1푼(부)'은 '1할의 1/10=0.1할=1퍼센트'이며 '1리'는 '1할의 1/100=0.01할=0.1퍼센트'가 되는 것입니다.

하지만 본래 '푼(부)'은 '1/10'을 뜻하므로 '7부 길이 바지'는 '보통 길이

의 7/10'인 것이지요!

그런데 이렇게 생각하면 '5부 머리'는 '장발 길이의 5/10'일 것 같지만, 이 경우의 '부'는 '1부 = 약 3밀리미터'라는 길이의 단위입니다. 그래서 '5부 머리'는 '머리카락을 약 15밀리미터만 남기고 자른 머리'가 되지요.

으음……. 그러니까 제가 하고 싶은 말은, "뭐가 이렇게 복잡해!"

48

두부를 네 번 자르면 몇 개가 될까?

다카타 선생

시험에 나올 가능성 ★ 분위기를 띄울 가능성 ★★ 사회생활에 도움이 될 가능성 ★★

두부를 식칼(평면)로 자를 때를 생각해 봅시다.

두부를 식칼로 한 번 자르면 두부는 2개가 됩니다.

두부를 식칼로 두 번 자르면 두부는 최대 4개가 됩니다.

두부를 식칼로 세 번 자르면 두부는 최대 8개가 됩니다.

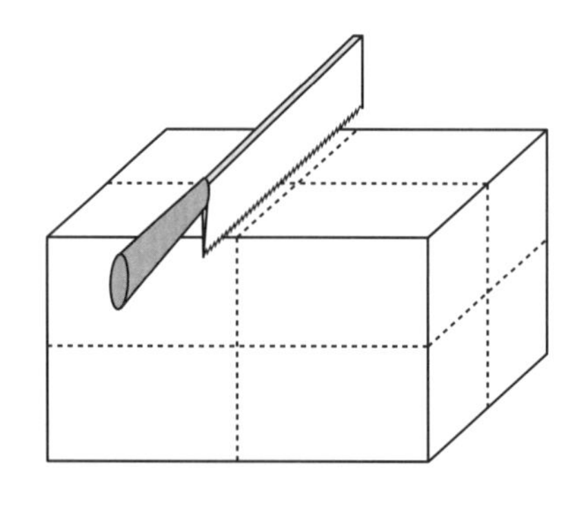

그러면 여기에서 문제!

두부를 식칼로 네 번 자르면 두부는 최대 몇 개가 될까요?

이 문제, [1차원, 2차원, 3차원]에서 각각 실행해 결과를 비교하면 어떤 규칙성이 떠오릅니다.

1차원

나무 막대를 톱으로 써는 경우를 생각합니다.

나무 막대를 톱으로 한 번 자르면 나무 막대는 2개가 됩니다.
나무 막대를 톱으로 두 번 자르면 나무 막대는 3개가 됩니다.
나무 막대를 톱으로 세 번 자르면 나무 막대는 4개가 됩니다.
나무 막대를 톱으로 네 번 자르면 나무 막대는 5개가 됩니다.

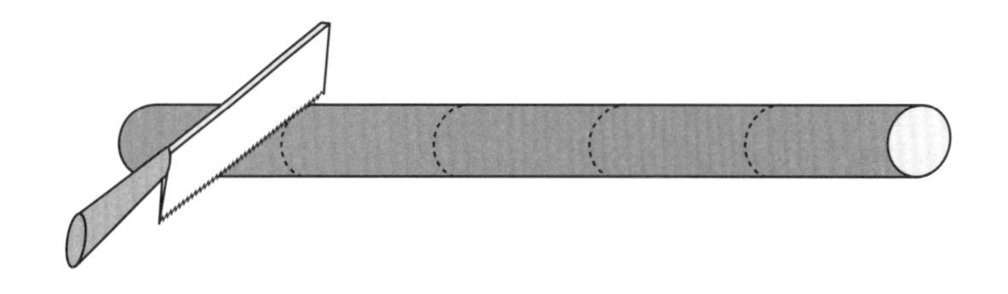

2차원

종이를 가위(직선)로 자르는 경우를 생각합니다.
종이를 가위로 한 번 자르면 종이는 2장이 됩니다.
종이를 가위로 두 번 자르면 종이는 최대 4장이 됩니다.
종이를 가위로 세 번 자르면 종이는 최대 7장이 됩니다.
종이를 가위로 네 번 자르면 종이는 최대 11장이 됩니다.

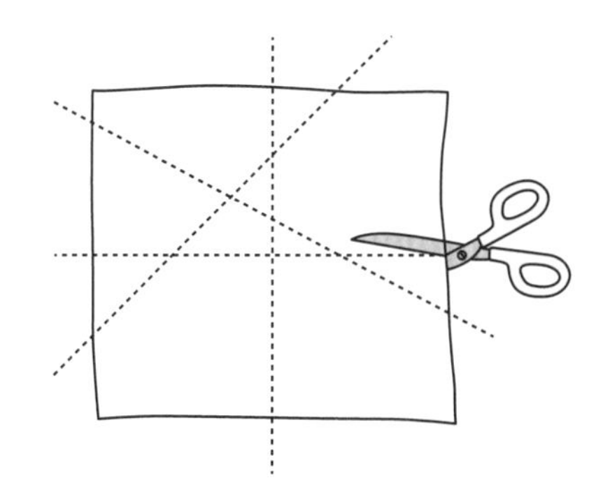

그리고 결과를 모아 놓으면 이렇습니다!

자른 횟수	나무 막대(1차원)	종이(2차원)	두부(3차원)
0회	1개	1장	1개
1회	2개	2장	2개
2회	3개	4장	4개
3회	4개	7장	8개
4회	5개	11장	?개

어떤 규칙성이 숨어 있는지 눈치채셨나요?

(1차원의 1회)+(2차원의 1회)=(2차원의 2회)

(1차원의 2회)+(2차원의 2회)=(2차원의 3회)

(1차원의 3회)+(2차원의 3회)=(2차원의 4회)

라는 규칙성이 있습니다.

마찬가지로,

(2차원의 1회)+(3차원의 1회)=(3차원의 2회)

(2차원의 2회)+(3차원의 2회)=(3차원의 3회)

이기 때문에,

(2차원의 3회)+(3차원의 3회)=(3차원의 4회)

라고 예상할 수 있습니다.

즉,

(2차원의 3회)+(3차원의 3회)

=7+8

=15(개)

이것이 두부를 식칼로 네 번 잘랐을 때의 최대 개수인 것입니다!

49 산수 올림픽에 출제된 문제

생큐 구라타

시험에 나올 가능성 ★★ 분위기를 띄울 가능성 ★ 사회생활에 도움이 될 가능성 ★

산수 올림픽에 'BC = CD = DA일 때 ∠DAB, ∠ABC를 구하는 문제'가 나온 적이 있습니다. 삼각 함수를 사용하지 않고도 풀 수 있습니다.

점 E를 어딘가에 정하고 그곳을 향해 선분을 3개 그리면 풀 수 있는데, E를 어디에 정해야 할까요?

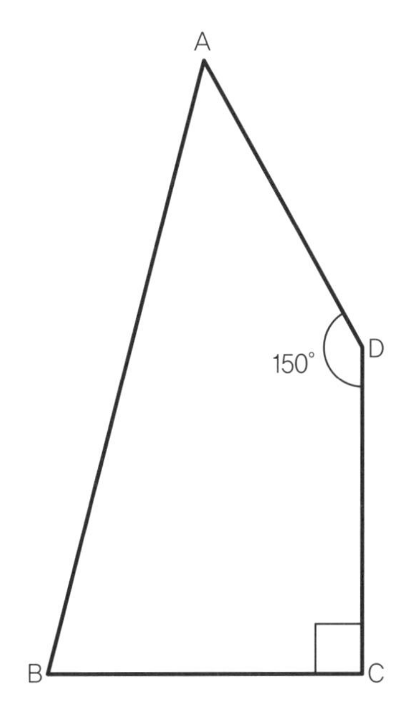

해답

점 E를 다음과 같이 정해서 이등변삼각형을 그리면 쉽게 풀 수 있습니다.

①

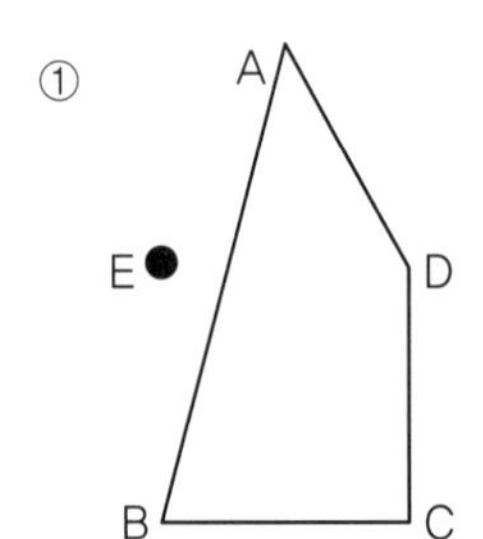
A
E
D
B
C

②

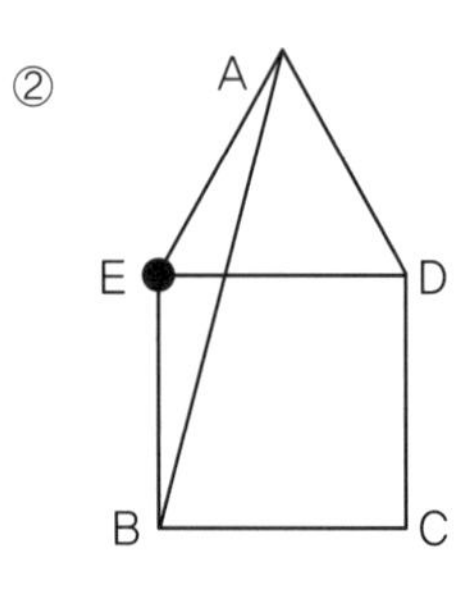
A
E
D
B
C

③

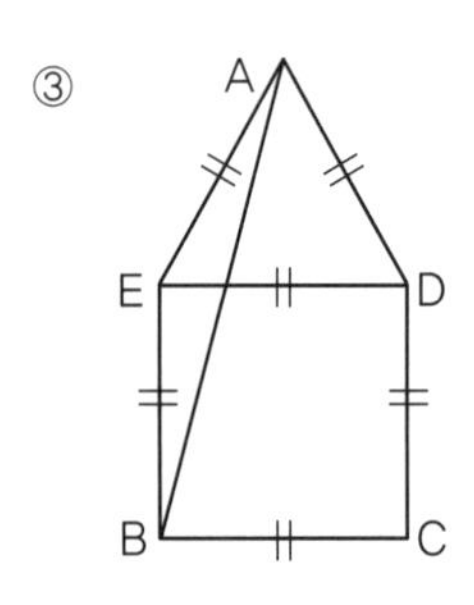
A
E
D
B
C

④

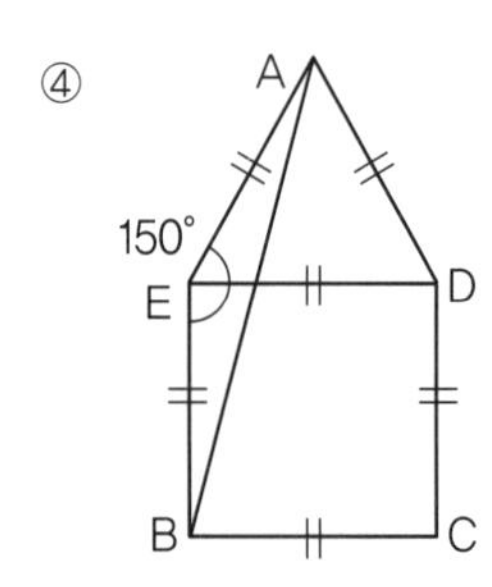
A
150°
E
D
B
C

⑤

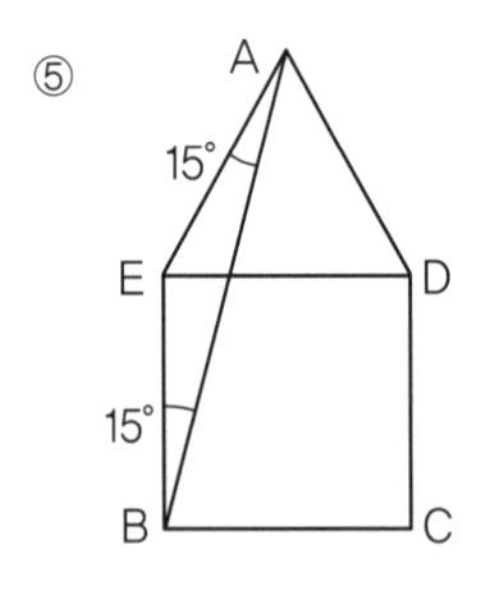
A
15°
E
D
15°
B
C

⑥

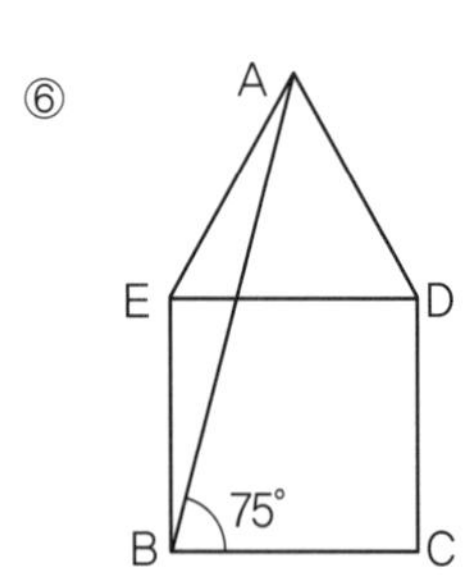
A
E
D
75°
B
C

⑦

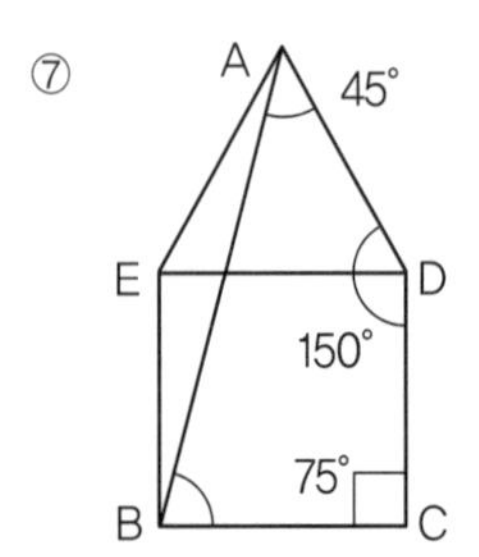
A
45°
E
D
150°
75°
B
C

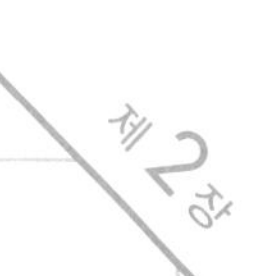

그러므로, $\angle DAB = 45^\circ$, $\angle ABC = 75^\circ$

해설

문제에 길이가 같은 변이 있을 때는 이등변삼각형이나 정삼각형, 마름모, 정사각형 등 한 쌍 이상의 길이가 같은 변이 있는 도형의 성질을 이용하면 풀 수 있는 경우가 많습니다.

50 학 · 거북이 계산 문제를 눈 깜짝할 사이에 푸는 방법

다카타 선생

시험에 나올 가능성 ★★★　분위기를 띄울 가능성 ★　사회생활에 도움이 될 가능성 ★

일본 에도 시대에는 수학 문제를 푸는 방법을 하이쿠*나 단가로 만드는 문화가 있었다고 합니다.

"학과 거북이가 총 10마리 있는데, 다리의 수를 합치면 28개였다. 학과 거북이가 각각 몇 마리인지 구하시오."

이 문제를 눈 깜빡할 사이에 풀 수 있는 단시를 소개하겠습니다!

"다리를 둘로 나누고 마리를 빼면 거북 그리고 나머지는 학이라네."

이것을 '다리 $\div$ 2 $-$ 마리 $=$ 거북 나머지 학'으로 변환해서

다리 $=28$, 마리 $=10$을 대입하면,

$28 \div 2 - 10 = 4$(마리)

이것이 거북의 수입니다.

그리고 나머지는 $10 - 4 = 6$(마리)

이것이 학의 수입니다.

이것만 외우면 눈 깜짝할 사이에 학의 수와 거북의 수를 구할 수 있습니다!

* 하이쿠: 5자 · 7자 · 5자로 구성된 일본의 정형시.

51 여행자 계산 문제를 눈 깜짝할 사이에 푸는 방법

다카타 선생

시험에 나올 가능성 ★★★ 분위기를 띄울 가능성 ★ 사회생활에 도움이 될 가능성 0

일본 에도 시대에는 수학 문제를 푸는 방법을 하이쿠나 단가로 만드는 문화가 있었다고 합니다.

“형이 집을 나와서 분속 80미터의 속도로 역을 향해 걸어갔고, 동생은 형이 집을 나선 지 5분 뒤에 분속 100미터의 속도로 형을 따라갔다. 두 사람이 집으로부터 몇 미터 떨어진 곳에서 만나게 될지 구하시오.”

이 문제를 눈 깜짝할 사이에 풀 수 있는 단시를 소개하겠습니다!

“속도 차이 위에 모든 것을 곱하라.”

이것을 변환하면 ‘모든 수를 곱한다/속도 차이’가 됩니다.

속도 차이는 $100-80=20$(미터/분)

모든 수를 곱하면 $80\times5\times100$

$80\times5\times100/20=2000$(미터)가 답입니다!

이것으로 문제는 금방 해결됐습니다!

왜 형이 동생을 놔두고 먼저 집을 나섰는지는 여전히 해결되지 못한 수수께끼로 남아 있습니다만…….

52

농도 계산 문제를 눈 깜짝할 사이에 푸는 방법

다카타 선생

시험에 나올 가능성 ★★★ 분위기를 띄울 가능성 ★ 사회생활에 도움이 될 가능성 0

일본 에도 시대에는 수학 문제를 푸는 방법을 하이쿠나 단가로 만드는 문화가 있었다고 합니다.

"농도가 10퍼센트인 소금물과 20퍼센트인 소금물을 섞어서 13퍼센트의 소금물 100그램을 만들려고 한다. 10퍼센트와 20퍼센트를 각각 몇 그램 섞어야 할지 구하시오."

이 문제를 눈 깜짝할 사이에 풀 수 있는 단시를 소개하겠습니다!

"자신을 숨긴 농도 차이 그것이 바로 무게의 비로구나."

이것을 변환하면 '무게의 비 = 자신을 제외한 농도의 차'가 됩니다.

10퍼센트 소금물의 무게 : 20퍼센트 소금물의 무게 : 13퍼센트 소금물의 무게

= 10퍼센트를 제외한 농도 차이 : 20퍼센트를 제외한 농도 차이 : 13퍼센트를 제외한 농도 차이

= 20퍼센트와 13퍼센트의 차이 : 10퍼센트와 13퍼센트의 차이 : 10퍼센트와 20퍼센트의 차이

= 7 : 3 : 10

13퍼센트 소금물이 100그램이므로

10퍼센트 소금물은 100×7/10=70(그램)

20퍼센트 소금물은 100×3/10=30(그램)

10퍼센트	: 20퍼센트	: 13퍼센트
	:	: 100그램
7	: 3	: 10

이 방법을 알면 소금이 물에 전부 녹기도 전에 문제를 풀 수 있을 것입니다!

COLUMN

소리 내어 읽고 싶은 수학 용어 — ③

악마의 계단

해설

먼저 범위가 원점에서 (1, 1)까지인 좌표의 중간(y=1/2)에 길이가 1/3인 직선을 그립니다. 그리고 다음에는 그 직선의 1/3인 길이 1/9의 직선을 y=0과 y=1/2의 중간인 y=1/4, y=1/2과 y=1의 중간인 y=3/4에 그립니다. 이 작업을 무한히 반복하면 이론적으로 모든 선이 붙어 있는 계단 같은 곡선이 만들어집니다. 이것이 악마의 계단이지요.

제3장

중학생이 깜짝 놀라는 수학 이야기

53

작도할 때 자는 필요없다?

다카타 선생

시험에 나올 가능성 0 분위기를 띄울 가능성 ★★ 사회생활에 도움이 될 가능성 ★

작도에 필요한 도구라고 하면 **'자'**와 **'컴퍼스'**가 있습니다.
이 둘은 찰떡궁합을 자랑하는 최강의 콤비이지요!
그런데 이런 둘의 관계를 위협하는 정리가 있습니다.

바로 **'모르-마스케로니 정리'**입니다.
그 내용은……. 놀라지 마십시오. **'자와 컴퍼스로 할 수 있는 작도는 전부 컴퍼스만으로도 가능하다.'**는 것입니다! 작도를 하려면 반드시 '자'와 '컴퍼스'가 필요한 줄 알았던 사람들에게 "아닌데? '컴퍼스'만 있으면 작도할 수 있는데?"라고 말하는 정리이지요. (다만 컴퍼스만으로는 직선을 그릴 수 없기 때문에 가령 '정삼각형의 작도'는 '정삼각형의 세 점의 위치를 정하면 작도한 것'으로 간주합니다.)

이 정리를 알았을 때 자가 받을 충격을 상상해 보십시오.
'나는……, 나는 필요 없는 존재였단 말인가…….'
다만 여러분, 오해하지 마십시오! 그렇다고 해서 자가 쓸모없는 존재가 된 것은 아닙니다. 컴퍼스만으로 작도하는 것은 굉장히 힘든 작업이거든요!
예를 들어 선분 AB의 중점은 자와 컴퍼스를 사용하면 원 2개와 직선 1개로 작도할 수 있지만, 컴퍼스만 사용할 경우 원을 7개나 그려야 한답니다.

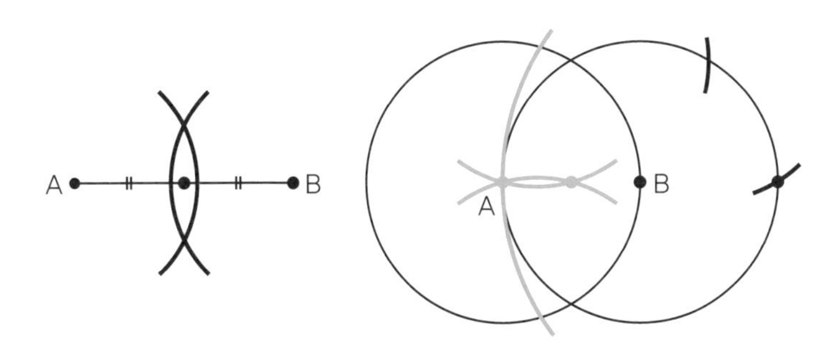

이처럼 **자와 컴퍼스를 모두 사용해서 작도하는 편이 압도적으로 간단하지요! 그러므로 컴퍼스에게는 역시 자가 필요합니다!**

휴우……. 이제 자가 입었던 마음의 상처도 치유되고 컴퍼스와의 관계도 다시 원만해지겠네요!

54

티슈 상자의 대각선 길이를 재는 방법

요코야마 아스키

시험에 나올 가능성 0 분위기를 띄울 가능성 ★★ 사회생활에 도움이 될 가능성 ★★

티슈 상자와 같은 직육면체의 대각선 길이를 구하는 방법을 생각해 본 적이 있으신가요? 아마도 피타고라스의 정리를 몇 번 정도 사용하는 방법이 가장 유명할 것입니다. 그렇다면 더 쉽게 구할 수 있는 방법은 없을까요? 이번에는 '실제로 재는' 방법도 허용하겠습니다.

이렇게 질문하면,

- 직육면체에 자를 찔러 넣어서 잰다.

혹은

- 속을 도려내고 잰다.

라고 대답하는 사람도 있는데, 사실 그런 번거로운 작업을 하지 않고도 간단하게 잴 수 있는 방법이 있습니다!

그 방법은 다음과 같습니다.

① 먼저 직육면체의 두 꼭짓점 부분을 그림처럼 표시한다.

② 직육면체를 수평 이동시켜서 한쪽 꼭짓점이 다른 쪽 꼭짓점이 있었던 위치에 오게 한다.

③ 그림처럼 자를 대고 길이를 잰다.

이렇게 하면 간단하게 길이를 잴 수 있지요. 여러분에게 추천합니다!

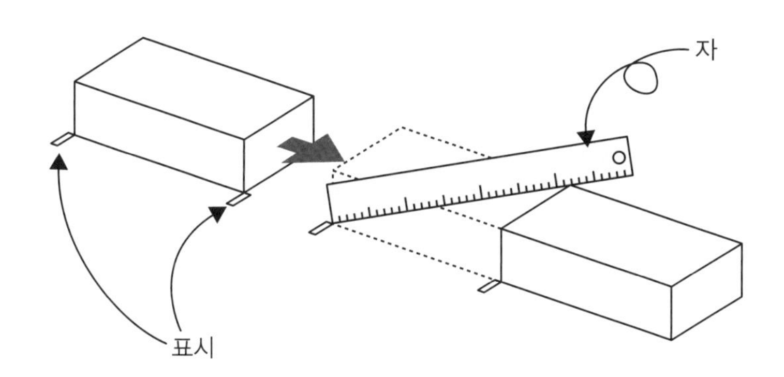

55

영국식 소인수분해

아키타 다카히로

시험에 나올 가능성 ★★ 분위기를 띄울 가능성 ★★ 사회생활에 도움이 될 가능성 ★

중학교에서 배우는 소인수분해는 어떤 수를 소수의 곱으로 나타내는 방법입니다.

이를테면 $72=2^3\times 3^2$과 같이 나타내지요.

소인수분해한 이 식을 왼쪽 그림과 같은 방식으로 구했는데, 영국에서는 오른쪽 그림처럼 구합니다.

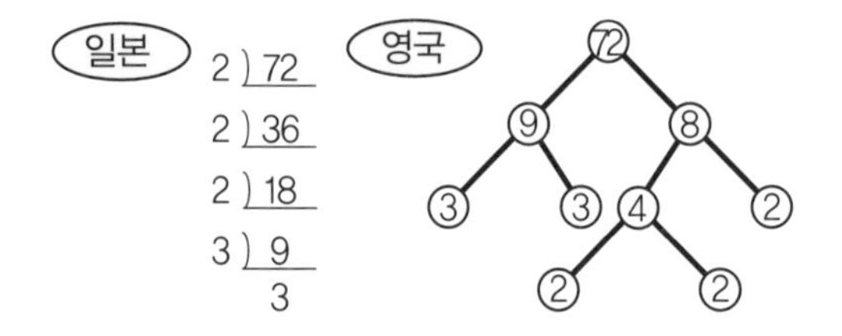

어떤 영국 교과서에는 이렇게 적혀 있기도 합니다.

"머릿속에 떠오른 적당한 숫자로 나눠 나간다."

소수가 나올 때까지 나누는 것이지요.

실제로 이 개념은 제곱근을 간결하게 만들 때 매우 유용하니 기억해 둬서 손해 볼 일은 없습니다.

오늘은 홍차를 마시면서 영국식 방법으로 소인수분해를 해 보면 어떨까요?

56 '교차 곱셈법'을 세 배 빠르게 푸는 방법

히라이 모토유키

시험에 나올 가능성 ★★★ 분위기를 띄울 가능성 ★ 사회생활에 도움이 될 가능성 ★

이차방정식을 풀 때 가장 중요한 것은 '인수분해'입니다. 그리고 인수분해를 할 때 가장 중요한 방법이 '교차 곱셈법'이지요.

이 **교차 곱셈법을 쉽게, 빠르게, 정확하게 풀 수 있는 방법**을 소개하겠습니다.

먼저, 일반적인 해법은 다음과 같습니다.

$12x^2+17x+6$

패턴 ①

$$\begin{array}{ccccc} 2 & \searrow\swarrow & 3 & \longrightarrow & +18 \\ 6 & \nearrow\nwarrow & 2 & \longrightarrow & +4 \\ \hline & & & & 22 \quad \times \end{array}$$

패턴 ②

$$\begin{array}{ccccc} 1 & \searrow\swarrow & 2 & \longrightarrow & +24 \\ 12 & \nearrow\nwarrow & 3 & \longrightarrow & +3 \\ \hline & & & & 27 \quad \times \end{array}$$

패턴 ③

$$\begin{array}{ccccc} 3 & \searrow\swarrow & 2 & \longrightarrow & +8 \\ 4 & \nearrow\nwarrow & 3 & \longrightarrow & +9 \\ \hline & & & & 17 \quad \circ \end{array}$$

따라서 답은 $(3x+2)(4x+3)$

x^2의 계수도 상수항도 복잡해서 여러 가지 패턴을 시도해 봐야 했습니다.

해답에서는 세 가지 패턴을 시도해 봤는데, **시간도 오래 걸리고 하다 보면 짜증이 나서 문제를 풀기가 싫어지지요.**

그런 고민을 단번에 해결해 보겠습니다.

'이웃한 두 수는 서로소가 되는 법칙'을 기억해 두시기 바랍니다.

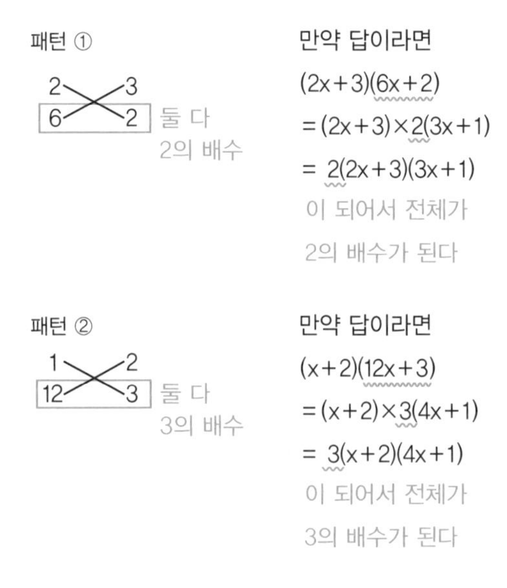

예를 들어 패턴 ①에서는 이웃한 두 수가 모두 2의 배수가 되었는데, 이것은 답이 될 수 없습니다. 또 패턴 ②에서는 이웃한 두 수가 모두 3의 배수가 되었으므로 역시 답이 될 수 없습니다.

한편 정답인 패턴 ③은 어떨까요? 위와 아래 모두 이웃한 두 수가 서로소의 관계입니다.

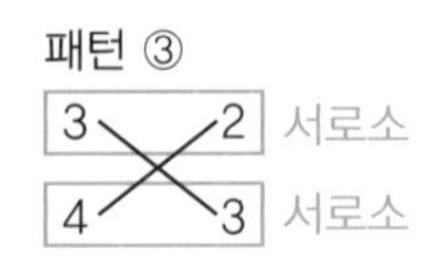

왜냐하면 **이웃한 두 수가 공통의 약수를 가지면 답이 공통 인수로 묶여 버리기 때문이지요.**

만약 패턴 ①이 답이라면 전체가 2로 묶이게 됩니다. 하지만 원래의 식은 2라는 공통 인수를 갖고 있지 않기 때문에 모순이 되어 답이 될 수 없는 것입니다.

이웃한 두 수가 서로소라고 해서 반드시 답인 것은 아니지만, 후보를 상당히 좁힐 수 있습니다. 이 법칙을 알면 틀림없이 빠르고 정확하게 인수분해를 할 수 있을 것입니다!

57

숫자 피라미드

생큐 구라타

시험에 나올 가능성 ★　　분위기를 띄울 가능성 ★★　　사회생활에 도움이 될 가능성 0

다음의 등식들이 성립하도록 덧셈, 곱셈의 부호 사이에 알맞은 숫자를 넣으시오.

(1) 9의 피라미드

8×□＋□＝9
8×□★＋★＝98
8×□★△＋△＝987
8×□★△●＋●＝9876
8×□★△●▽＋▽＝98765
8×□★△●▽◆＋◆＝987654
8×□★△●▽◆○＋○＝9876543
8×□★△●▽◆○▲＋▲＝98765432
8×□★△●▽◆○▲☆＋☆＝987654321

(2) 1의 피라미드

▲×■＋□＝11
▲□×■＋●＝111
▲□●×■＋▽＝1111
▲□●▽×■＋◆＝11111
▲□●▽◆×■＋○＝111111
▲□●▽◆○×■＋★＝1111111
▲□●▽◆○★×■＋△＝11111111
▲□●▽◆○★△×■＋■＝111111111
▲□●▽◆○★△■×■＋▲☆＝1111111111

(3) 이방인 8

○●△▲□■☆★× ★＝111111111
○●△▲□■☆★×○8＝222222222
○●△▲□■☆★×●☆＝333333333
○●△▲□■☆★×△■＝444444444
○●△▲□■☆★×▲□＝555555555
○●△▲□■☆★×□▲＝666666666
○●△▲□■☆★×■△＝777777777
○●△▲□■☆★×☆●＝888888888
○●△▲□■☆★×8○＝999999999

답은 131쪽에.

58

13과 31의 특별한 관계

요코야마 아스키

시험에 나올 가능성 0　　분위기를 띄울 가능성 ★★★　　사회생활에 도움이 될 가능성 0

13과 31은 신기한 인연으로 맺어져 있습니다.

둘 다 소수라는 공통점도 있고, 숫자를 거꾸로 하면 상대편 숫자가 됩니다. 참고로, 13과 31처럼 숫자를 거꾸로 해도 소수가 되는 소수를 수소(數素, emirp)라고 합니다.

이번에는 13과 31을 각각 제곱해 봅시다. 13을 제곱하면 169가 됩니다. 그리고 31을 제곱하면 961이 되지요.

제곱한 수끼리도 거꾸로 하면 상대편 숫자가 되는 것입니다!

59

달까지의 거리를 구해 보자

다카타 선생

시험에 나올 가능성 0　　분위기를 띄울 가능성 ★★　　사회생활에 도움이 될 가능성 ★★

달의 크기는 5엔 동전에 뚫려 있는 구멍 크기의 약 7억 배입니다.

5엔 동전의 구멍으로 달을 들여다보면서 팔을 뻗으면 눈으로부터 대략 55센티미터 떨어진 지점에서 구멍에 달이 꽉 차게 들어옵니다.

이때 (5엔 동전의 지름) : (달의 지름) = 1 : 7억이므로, (얼굴에서 5엔 동전까지의 거리) : (얼굴에서 달까지의 거리) = 1 : 7억이 됩니다. 따라서 달은 55센티미터의 7억 배, 즉 38.5킬로미터 떨어진 곳에 있음을 알 수 있습니다.

요컨대 팔을 7억 배 뻗으면 달에 손이 닿는다는 말이지요! 컨디션이 좋은 날, 루피라면 성공할지도 모르겠습니다!

다만 주의할 점이 있는데, **달 표면의 온도는 낮에 섭씨 110도, 밤에 영하 170도입니다. 그러니 달을 만질 때 화상이나 동상을 입지 않도록 주의합시다!**

60

A4 용지와 B4 용지의 면적비는?

요코야마 아스키

시험에 나올 가능성 ★ 분위기를 띄울 가능성 ★★ 사회생활에 도움이 될 가능성 ★

A4 용지와 B4 용지의 면적비는 어느 정도일까요?

정답은 1:1.5입니다. 아래의 그림처럼 A4와 B4 용지를 겹쳐 놓으면 A4 용지의 대각선과 B4 용지의 긴 변이 정확히 일치하지요. 용지의 가로세로비는 $1:\sqrt{2}$이므로, 피타고라스의 정리를 이용하면 변의 비는 $1:\sqrt{3}/\sqrt{2}$이 됩니다.

변의 비가 $1:\sqrt{3}/\sqrt{2}$이므로 면적비는 이것을 제곱한 1:1.5가 되는 것이지요!

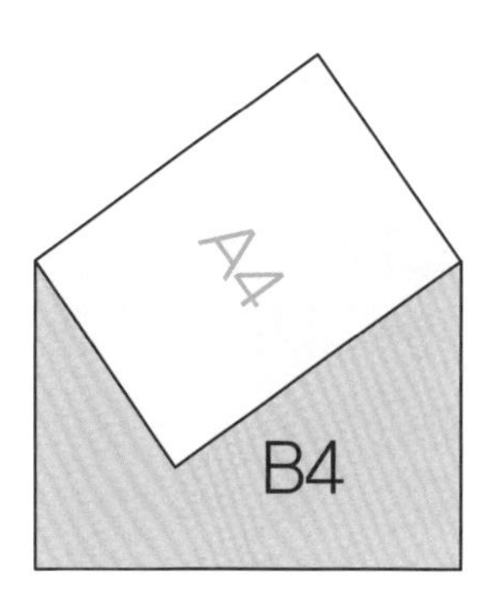

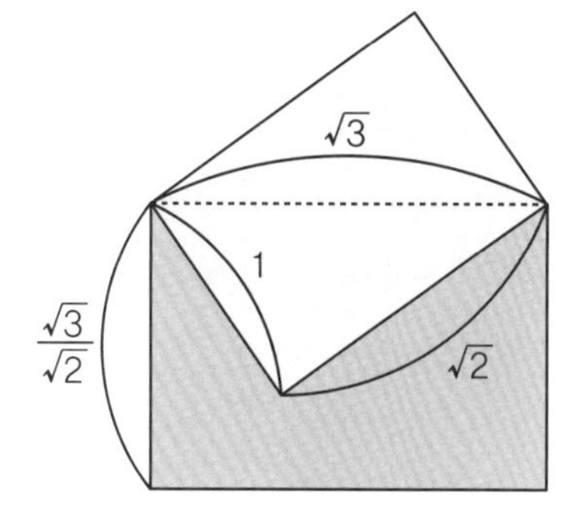

61

양수와 음수의 곱셈

다카타 선생

시험에 나올 가능성 ★ 분위기를 띄울 가능성 ★★ 사회생활에 도움이 될 가능성 ★★

양수와 음수를 곱하면,

양수×양수=양수

양수×음수=음수

음수×양수=음수

음수×음수=양수

인데, '왜 음수에 음수를 곱하면 양수가 되는가?'를 설명하기는 의외로 어렵습니다. 그럴 때 저는 항상 '양수⇒참말, 음수⇒거짓말'으로 변환해서 설명합니다.

양수×양수=양수⇒참이라는 건 참말이야=참

양수×음수=음수⇒참이라는 건 거짓말이야=거짓

음수×양수=음수⇒거짓이라는 건 참말이야=거짓

음수×음수=양수⇒거짓이라는 건 거짓말이야=참

엄밀한 설명은 아니지만, 이렇게 설명하면 직관적으로 이해하는 경우가 많습니다.

다만 '양수×양수×양수×양수×양수=양수'를 변환하면 '참이 참이라는 건 참말 참말 참말이야!'가 되어서 오히려 더 의심스럽게 느껴지니 주의하세요!

62 합동과 닮음

다카타 선생

시험에 나올 가능성 0　　분위기를 띄울 가능성 ★★★　　사회생활에 도움이 될 가능성 0

모양도 크기도 같으면 합동이라고 할 수 있습니다. 그렇다면 일란성 쌍둥이는 외모도 체격도 같으므로 합동이라고 할 수 있지요. **일란성 쌍둥이가 함께 결혼식을 올린다면 진정한 '합동결혼식'이 되는 것입니다!**

모양이 같고 크기가 다르다면 닮음이라고 할 수 있습니다. 그렇다면 생김새는 같지만 크기가 다른 빗자루와 솔은 닮음이라고 할 수 있지요.
생김새가 같고 크기가 다른 빗자루와 솔. 이것이 진정한 '청소[1] 도구'입니다!

서로 닮음인 물건은 이 외에도 많습니다. 가령 소시지는 제품마다 길이와 굵기가 제각각인데, 모양이 같고 크기가 다른 소시지는 서로 닮음이라고 할 수 있지요.
여기에서 주의해야 할 점은, 쌍생아[2](쌍둥이)는 합동이고 소시지는 닮음이라는 것입니다!

중요한 내용이므로 다시 한 번 말하겠습니다!
쌍생아는 합동이고 소시지는 닮음입니다!
아, 그러니까……, 이 말이 하고 싶었습니다.

1 닮음(相似)과 청소(掃除)의 일본어 발음(Sōji)이 같다.
2 쌍생아(双生児, Sōseiji)와 소시지(ソーセージ, Sōsēji)의 일본어 발음이 유사하다.

63

밤길을 걷는 사람의 그림자 궤적

요코야마 아스키

시험에 나올 가능성 ★ 분위기를 띄울 가능성 ★★ 사회생활에 도움이 될 가능성 ★★

밤길을 걷는 사람에 관한 문제입니다.

"어떤 사람이 가로등 옆을 지나가고 있습니다. 이때 가로등이 만드는 그 사람의 머리 그림자는 어떤 궤적을 그릴까요?"라는 문제이지요.

보기는 다음과 같습니다.

① 그림자는 가로등과 가까워질수록 불룩해졌다가 멀어짐에 따라 원래대로 돌아간다.

② 항상 일정하다.

③ 그림자는 가로등과 가까워질수록 오목해졌다가 멀어짐에 따라 원래대로 돌아간다.

정답은 ②입니다. 옆에서 본 그림을 생각하면 왜 그런지 확실히 알 수 있습니다. 옆에서 보면 가로등, 머리, 머리의 그림자, 지면이 항상 일정한 삼각형을 이룹니다. 따라서 아무리 걸어도 ②의 상태가 계속되지요!

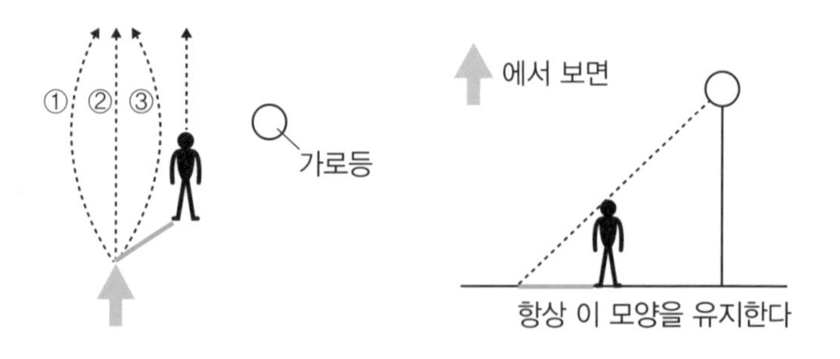

64 맥주의 황금비

다카타 선생

시험에 나올 가능성 ★ 분위기를 띄울 가능성 ★ 사회생활에 도움이 될 가능성 ★★

맥주는 액체 : 거품 = 7 : 3의 상태일 때 가장 맛있다고 합니다.

생맥주잔의 경우에는 높이가 7 : 3이 되도록 따르면 부피도 7 : 3이 되므로 문제가 없습니다만, 고급 바에서 볼 수 있는 원뿔 형태의 잔에 따를 때는 주의가 필요합니다.

원뿔 형태의 잔에 높이가 7 : 3이 되도록 따를 경우, 액체 부분과 전체의 닮음비는 7 : 10이고 액체 부분과 전체의 부피비는,

$7^3 : 10^3 = 343 : 1000$

즉, **액체 부분은 전체의 34.3퍼센트밖에 안 되고 거품이 전체의 65.7퍼센트가 됩니다! 거의 거품이지요!**

원뿔 형태의 잔일 경우에는 높이가 9:1이 되도록 따라야 부피가 729 : 271≒7 : 3이 됩니다!

부디 주의하십시오!

65

소수를 쉽게 외우는 방법†

요코야마 아스키

시험에 나올 가능성 ★　　분위기를 띄울 가능성 ★★　　사회생활에 도움이 될 가능성 ★

† 일본어 발음의 유사성을 이용하여 소수를 암기하는 방법을 다루는 글입니다.

어떤 수가 나누어떨어지는지 조사하려면 작은 소수부터 차례차례 나눠 보며 확인할 필요가 있는데, 일일이 계산하려면 시간이 걸립니다. 그럴 때 도움이 되는 방법이 있습니다.

100까지의 작은 소수 같은 경우는 발음의 유사성을 이용하는 방법이 있습니다. 예를 들면,

형 5시에 세븐일레븐에 아빠 없으면 가는 형. 고기는 최저 전부 41엔밖에 예산이 없고 말이야, 쓰레기를 꿀꺽 삼켜서 로쿠이 씨가 공허하게 울었어. 나미도 울고 파산해 백지가 되었어(2, 3, 5, 7, 11, 13, 17, 19, 23, 29, 31, 37, 41, 43, 47, 53, 59, 61, 67, 71, 73, 79, 83, 89, 97).

와 같이 외울 수 있지요.
뭐, 100까지는 그냥 외우는 편이 빠를 것 같군요.

이번 이야기의 주제는 **큰 소수 중 몇 개를 쉽게 암기해 보자**는 것으로, 지금부터는 비교적 큰 소수의 암기법을 소개하겠습니다.

149(意欲, 이요쿠)

373(南, 미나미)

593(コックさん, 코쿠상)

829(焼肉, 야키니쿠)

919(クイック, 쿠이쿠)

1013(問三, 토이산)

1009(トーク, 토-쿠)

1019(トーイック, 토이쿠(토익))

1021(トニー, 토니)

1031(トミー, 토미)

1123(いい兄さん, 이이니상)

2029(臭う肉, 니오우니쿠)

2311(兄さんいい, 니상이이)

2917(にくいな, 니쿠이나)

3169(再録, 사이로쿠)

4219(死に行く, 시니이쿠)

4519(死後行く, 시고이쿠)

4919(よく行く, 요쿠이쿠)

5147(恋しな, 고이시나)

8623(ハロー兄さん, 하로니상)

소수표 등을 보면서 여러분만의 암기법을 발견해 보시기 바랍니다.

66 漸을 훈독할 때는 어떻게 읽을까?†

다카타 선생

시험에 나올 가능성 0　　분위기를 띄울 가능성 ★★　　사회생활에 도움이 될 가능성 ★

† 일본어 훈독 방법과 관련된 이야기입니다.

수학 용어 중에 '점근선(漸近線)'과 '점화식(漸化式)'이라는 것이 있습니다. 여기에서 '漸'이라는 한자는 음독하면 '점'이라고 읽는데, 훈독하면 어떻게 읽어야 하는지 아시나요?

몇 가지 훈독이 있습니다만, 꼭 기억해 뒀으면 하는 것이 '漸う'입니다. '요우요우(ようよう)'라고 읽지요.

그렇습니다! 고문(古文) 시간에 배우는 단어인 '요우요우'입니다!

마쿠라노소시의 첫머리에 나오는 "봄은 동틀 무렵, 산 능성이 점점 하얗게 변하면서(春はあけぼの。ようよう白くなりゆく山際)……"에 나오는 그 '요우요우(ようよう)'이지요!

의미는 '점점'입니다!

요컨대 점근선은 '점점 거리가 줄어드는 선'인 것입니다!

＼ 120쪽의 답 ／

(1)

$$8 \times 1 + 1 = 9$$
$$8 \times 12 + 2 = 98$$
$$8 \times 123 + 3 = 987$$
$$8 \times 1234 + 4 = 9876$$
$$8 \times 12345 + 5 = 98765$$
$$8 \times 123456 + 6 = 987654$$
$$8 \times 1234567 + 7 = 9876543$$
$$8 \times 12345678 + 8 = 98765432$$
$$8 \times 123456789 + 9 = 987654321$$

(2)

$$1 \times 9 + 2 = 11$$
$$12 \times 9 + 3 = 111$$
$$123 \times 9 + 4 = 1111$$
$$1234 \times 9 + 5 = 11111$$
$$12345 \times 9 + 6 = 111111$$
$$123456 \times 9 + 7 = 1111111$$
$$1234567 \times 9 + 8 = 11111111$$
$$12345678 \times 9 + 9 = 111111111$$
$$123456789 \times 9 + 10 = 1111111111$$

(3)

$$123456789 \times 9 = 111111111$$
$$123456789 \times 18 = 222222222$$
$$123456789 \times 27 = 333333333$$
$$123456789 \times 36 = 444444444$$
$$123456789 \times 45 = 555555555$$
$$123456789 \times 54 = 666666666$$
$$123456789 \times 63 = 777777777$$
$$123456789 \times 72 = 888888888$$
$$123456789 \times 81 = 999999999$$

COLUMN

소리 내어 읽고 싶은 수학 용어 — ④

슬리퍼의 법칙

＼ 해설 ／

슬리퍼를 연상시키는 모양이라고 해서 이렇게 부릅니다. 이것은 삼각형의 외각의 크기에 대한 법칙으로, △ABC에서 C의 외각인 x의 각도는 C 이외의 각도 A와 B를 더한 값이라는 것입니다. 슬리퍼 치고는 너무 뾰족해서 신기가 힘들 것 같긴 합니다…….

제4장

진짜로 시험에 도움이 되는 수학 이야기

67 코사인 법칙을 사용하지 않아도 각의 크기를 구할 수 있다!

다카타 선생

시험에 나올 가능성 ★★ 분위기를 띄울 가능성 ★★ 사회생활에 도움이 될 가능성 ★

"세 변의 길이가 7, 5, 3인 삼각형에서 7인 변에 대응하는 각의 크기를 구하시오."

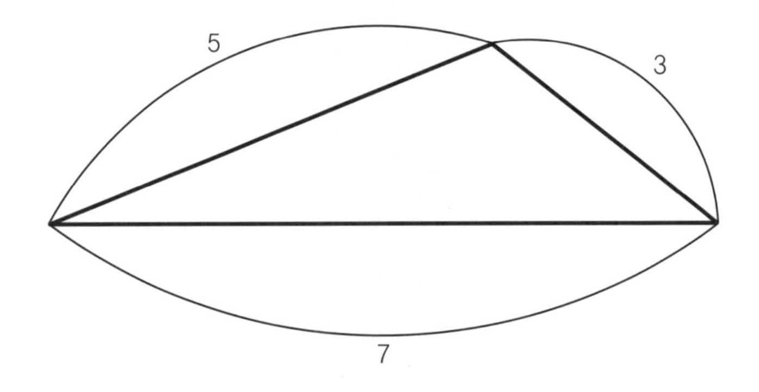

이런 문제가 나오면 코사인 법칙을 이용해서 푸는 사람이 많을 것입니다.

하지만 **저는 코사인 법칙을 사용하지 않고도 이 문제의 답을 구할 수 있습니다.**

삼각형의 세 변의 길이를 알고 있을 때 각의 크기를 구하라는 문제가 나오면 보통은 코사인 법칙을 사용해서 풉니다. 그런데 코사인 법칙을 사용하지 않고도 각의 크기를 알 수 있는 문제가 아주 드물지만 존재합니다.

이를테면 세 변의 길이가 1, 2, $\sqrt{3}$인 삼각형이 그것입니다. 여러분은 이 삼각형의 각의 크기를 구하라는 문제가 나왔을 때 일일이 코사인 법칙을 사용해서 푸시겠습니까? 아닐 겁니다. 코사인 법칙을 사용하지 않고도 이 삼각형의 각의 크기가 30도와 60도, 90도임을 금방 눈치챘을 것입니다.

왜냐하면 '변의 길이'와 '각의 크기'의 관계를 암기하고 있으니까요!

사실은 세 변의 길이가 7, 5, 3인 삼각형에서 7인 변에 대응하는 각은 120도, 세 변의 길이가 7, 5, 8인 삼각형에서 7인 변에 대응하는 각은 60도, 세 변의 길이가 7, 8, 3인 삼각형에서 7인 변에 대응하는 각도 60도입니다.

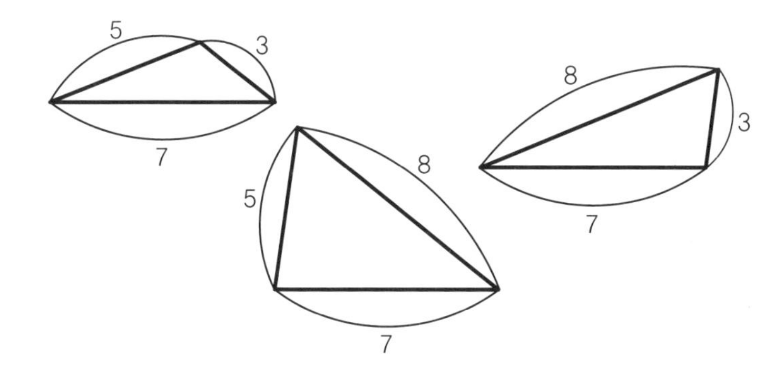

수험생이라면 이 세 삼각형의 '변의 길이'와 '각의 크기'의 관계를 암기해 두는 것이 좋습니다! 시험에 자주 나오거든요!

이것을 기억해 놓으면 삼각형의 각의 크기를 구하는 문제를 번개 같이 풀고 다른 문제에 시간을 더 들일 수 있습니다!

여담이지만,

'7, 5, 3인 삼각형'에 '한 변의 길이가 5인 정삼각형'을 붙이면 '7, 5, 8인 삼각형'이 되고, '7, 5, 3인 삼각형'에 '한 변의 길이가 3인 정삼각형'을 붙이면 '7, 8, 3인 삼각형'이 된답니다!

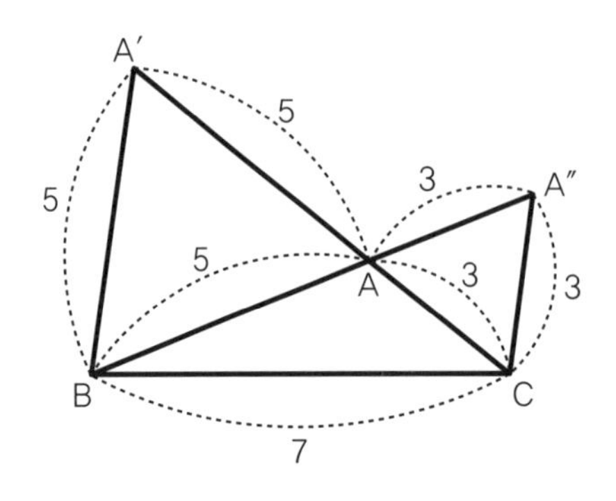

△ABC가 7 : 5 : 3
△A′ BC가 7 : 5 : 8
△A″ BC가 7 : 8 : 3

이 도형은 그 밖에도 여러 가지 성질을 숨기고 있으니 꼭 찾아보시기 바랍니다!

68

피타고라스 정리에 숨겨진 비밀

고바야시 유토

시험에 나올 가능성 ★★★ 분위기를 띄울 가능성 ★ 사회생활에 도움이 될 가능성 ★

직각삼각형의 빗변의 길이를 c, 다른 두 변의 길이를 a, b라고 하면 '$c^2 = a^2 + b^2$'이 성립합니다.

그 유명한 **'피타고라스의 정리'**이지요. 이 정리 덕분에 삼각형의 두 변의 길이를 알면 나머지 한 변의 길이를 구할 수 있습니다.

그러면 다음 문제를 풀어 보시기 바랍니다.

문제

빗변의 길이가 26, 다른 한 변의 길이가 25인 직각삼각형의 나머지 한 변의 길이 X를 구하시오.

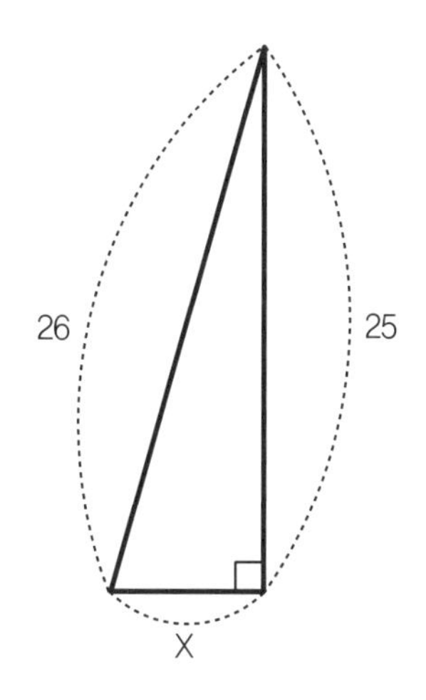

다 푸셨나요?

그러면 정답을 공개하겠습니다!

정답은 $\sqrt{51}$입니다.

맞히셨나요?

아마도 많은 분이,

$26^2 = 25^2 + X^2$

에서

$X = \sqrt{26^2 - 25^2}$

$= \sqrt{676 - 625}$

$= \sqrt{51}$

과 같은 방법으로 계산하시지 않았을까 싶습니다.

음……. 물론 잘못된 방법은 아닙니다. 아니기는 한데, 직각삼각형의 '빗변'과 '다른 한 변'의 길이를 알고 있을 때 '나머지 한 변'의 길이를 구하는 문제의 경우 다음과 같은 비기(祕技)를 사용해서 풀 수 있습니다.

$X = \sqrt{합 \times 차}$

(단, 합 = 빗변 + 다른 한 변, 차 = 빗변 − 다른 한 변)

이것을 이용하면 앞의 문제를 눈 깜빡할 사이에 풀 수 있지요!

빗변이 26, 다른 한 변이 25이라면 합 = 51, 차 = 1이므로,

$X = \sqrt{51 \times 1} = \sqrt{51}$

정말 간단하지요?

그런데 왜 이런 방법으로 풀 수 있는 것일까요?

기본적인 해법에서

$26^2 = 25^2 + X^2$

$X = \sqrt{26^2 - 25^2}$

이 식에 주목하십시오!

루트(√) 속이 '(제곱)−(제곱)'의 형태로 되어 있지요?

그렇습니다! '(제곱)−(제곱)'은 모두가 좋아하는 '합과 차의 곱'이지요!

$a^2 - b^2 = (a+b)(a-b)$입니다!

즉,

$X = \sqrt{26^2 - 25^2}$

$X = \sqrt{(26+25)(26-25)}$

$X = \sqrt{51} \times 1$

$= \sqrt{51}$

이 되는 것이지요!

$X = \sqrt{(26+25)(26-25)}$

$X = \sqrt{합 \times 차}$

이렇게 보니 금방 이해가 되지요?

이 비책, 써먹을 기회가 은근히 많으니 꼭 활용해 보시기 바랍니다!

69

외접원의 반지름을 구하는 공식을 외우는 방법

다카타 선생

시험에 나올 가능성 ★★★ 분위기를 띄울 가능성 ★ 사회생활에 도움이 될 가능성 0

외접원의 반지름 R은 사인 법칙 [a/sinA = b/sinB = c/sinC = 2R]을 변형하면 [R = a/2sinA = b/2sinB = c/2sinC]가 되므로 [외접원의 반지름 R = 변/2sin각]이라고 외웁시다!

물론 사인 법칙에 대입해서 구해도 상관없지만, [변/2sin각]에 대입해서 바로 답을 구하는 편이 빠르게 풀 수 있고 계산 실수도 줄일 수 있습니다!

70 삼각 함수의 합성을 하지 않고도 푸는 방법

히라이 모토유키

시험에 나올 가능성 ★★★ 분위기를 띄울 가능성 ★★ 사회생활에 도움이 될 가능성 ★★

'수학은 암기 과목이다.'라는 논쟁이 있기도 합니다.

과연 암기 과목인지 아닌지 정답은 알 수 없지만, **'수학에도 암기가 필요한 부분이 일부 있다.'**라는 말까지 부정할 사람은 없을 것입니다.

고등학교까지 배운 수학에서 **가장 암기의 요소가 강한 단원은 '삼각 함수'**입니다. 교과서에는 수십 개에 이르는 공식이 등장하고, 해법도 복잡하게 나뉩니다.

그러면 문제를 하나 내겠습니다. 여러분은 다음 문제를 어떻게 푸시겠습니까?

문제

$0 \leq \theta < 2\pi$일 때, $\sin\theta + \cos\theta = 1$을 만족하는 θ의 값을 구하시오.

이런 유형의 문제에 대한 해법으로는 다음의 두 가지가 유명합니다.

첫 번째는 양변을 제곱하는 방법이고, 두 번째는 합성하는 방법이지요.

첫 번째

$\sin\theta + \cos\theta = 1$의 양변을 제곱하면

$(\sin\theta + \cos\theta)^2 = 1^2$

$\sin^2\theta + 2\sin\theta\cos\theta + \cos^2\theta = 1$

$1 + 2\sin\theta\cos\theta = 1$

$\sin\theta\cos\theta = 0$

$\sin\theta = 0$에서 $\theta = 0,\ \pi$

$\cos\theta = 0$에서, $\theta = \pi/2,\ 3\pi/2$

이 가운데 $\sin\theta + \cos\theta = 1$을 만족하는 것은

$\theta = 0,\ \frac{\pi}{2}$

두 번째

$\sin\theta + \cos\theta$

$= \sqrt{2}(\sin\theta \times \frac{1}{\sqrt{2}} + \cos\theta \times \frac{1}{\sqrt{2}})$

$= \sqrt{2}(\sin\theta \times \cos\frac{\pi}{4} + \cos\theta \times \sin\frac{\pi}{4})$

$= \sqrt{2}\sin(\theta + \frac{\pi}{4})$

$0 \leqq \theta < 2\pi$일 때

$\frac{\pi}{4} \leqq \theta + \frac{\pi}{4} < \frac{9}{4}\pi$이므로,

$\sqrt{2}\sin(\theta + \frac{\pi}{4}) = 1$을 만족하는 것은

$\theta + \frac{\pi}{4} = \frac{\pi}{4}$ 또는 $\theta + \frac{\pi}{4} = \frac{3}{4}\pi$

$\theta = 0,\ \frac{\pi}{2}$

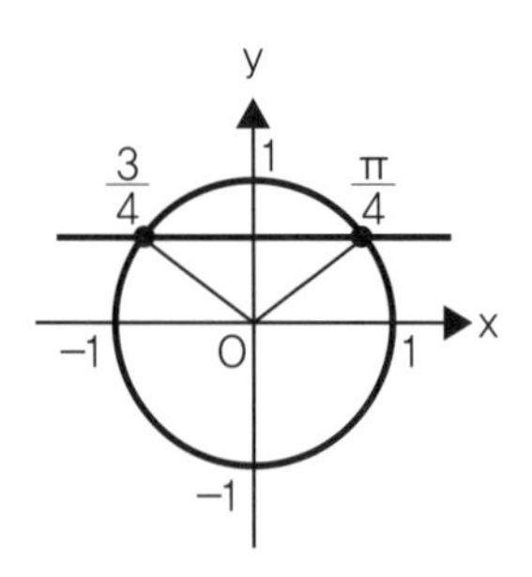

그런데 이 문제를 눈 깜짝할 사이에 푸는 방법이 있습니다.

애초에 sin, cos, tan는 단위원 위의 점의 y좌표, x좌표, 기울기이므로 이 사실을 이용하는 방법이지요.

세 번째

$\cos\theta$, $\sin\theta$는 단위원 위의 x좌표, y좌표이므로,

$x^2+y^2=1$(단위원)과 $x+y=1$

의 교점을 생각하면 된다.

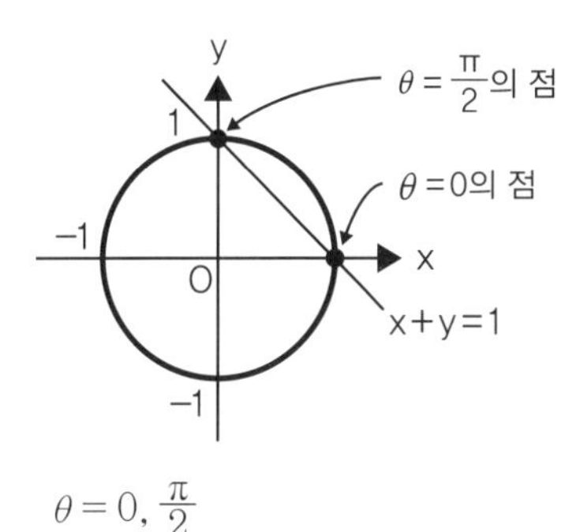

$\theta=0, \frac{\pi}{2}$

이 해법은 $\sin\theta+\cos\theta=\sqrt{2}$나 $\sin\theta+\cos\theta=0$, $\sqrt{3}\sin\theta-\cos\theta=1$ 등과 같이 **숫자가 다소 달라져도 대응할 수 있다**는 점과 **계산량이 적으며 빠르고 정확하게 풀 수 있다**는 점이 아주 놀랍습니다.

적극 추천하는 방법이니 꼭 사용하시길 바랍니다.

71

절단한 삼각기둥의 부피를 단번에 구하는 방법

아키타 다카히로

시험에 나올 가능성 ★★★ 분위기를 띄울 가능성 ★★ 사회생활에 도움이 될 가능성 ★

공간 도형에서 삼각기둥을 절단했을 때 생기는 입체의 부피를 구하라는 문제가 자주 나옵니다.

이 문제에 애를 먹다 수학이 싫어진 사람도 적지 않을 겁니다. 이 번거로운 문제를 단번에 풀 수 있는 방법이 있다면 수많은 수학 포기자를 구출할 수 있을 텐데요…….

그 비법이 바로 이것!

부피 = 단면적 × 세 변의 높이의 평균

이것을 이용하면 단번에 부피를 구할 수 있습니다.

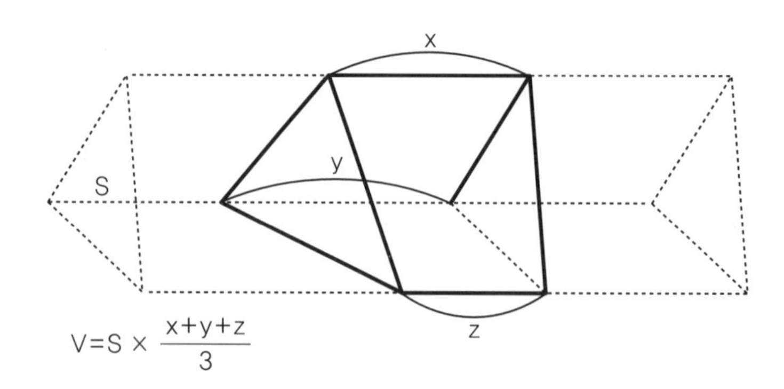

이 식만 기억해 두면 삼각기둥을 어떤 형태로 절단하든 부피를 금방 구할 수 있습니다.

72

순환소수를 1초 만에 분수로 바꾸는 방법

히라이 모토유키

시험에 나올 가능성 ★★★ 분위기를 띄울 가능성 ★★ 사회생활에 도움이 될 가능성 ★★

0.999…와 같이 9가 무한히 반복된다면 대체 어떤 값이 될까요? 한없이 1에 가깝지만 1보다 아주 조금 작은 수처럼 보이지요.

하지만 매우 유명한 이 문제의 답은 0.999…=1입니다.

엄밀히 따지면 틀린 답이 아닌가 하는 생각도 들지만, 정확하게 1임이 다양한 방법으로 증명되었으니 수긍하는 수밖에 없지요.

그중에서도 가장 유명한 방법은 x로 놓고 10배를 해서 차(差)를 구하는 것입니다.

$$
\begin{aligned}
x &= 0.99\cdots\cdots \\
-)\ 10x &= 9.99\cdots\cdots \\
\hline
-9x &= -9 \\
x &= 1
\end{aligned}
$$

이 방법을 사용하면 다른 순환소수도 분수로 만들 수 있습니다. 가령, 0.315315315……라면,

0.315315315 ………라면,

$$
\begin{aligned}
x &= 0.315315315\cdots\cdots \\
-)\ 1000x &= 315.315315315\cdots\cdots \\
\hline
-999x &= -315 \\
x &= \frac{315}{999} = \frac{35}{111}
\end{aligned}
$$

와 같이 말이지요.

그런데 **좀 더 간단하고 재미있게 푸는 방법이 있다**는 사실을 아시나요?

방법은 아주 간단합니다.

먼저, 0.315315315…에서 반복되는 315 부분을 유심히 살펴보시기 바랍니다. 세 숫자(세 자리)가 반복되지요? 이 경우 분모에 9를 3개 쓰고 분자에 반복되는 부분을 쓰면 끝입니다.

답은 $\frac{315}{999}=\frac{35}{111}$이 되지요.

어떤가요? 정말 간단하지요?

0.252525…라면 답은 $\frac{25}{99}$이고,

0.871427871427…이라면 답은 $\frac{871427}{999999}$가 됩니다.

이 방법만 알면 **순환소수 문제를 눈 깜빡할 사이에 풀 수 있을** 것입니다. 다만 주의할 점이 있는데, 정수 부분이 0이고 소수점 첫째 자리부터 순환하는 수에 대해서만 이 방법을 사용할 수 있습니다.

하지만 정수 부분이 있고 소수점 첫째 자리부터 순환하지 않더라도 이 방법을 응용할 수는 있답니다.

가령 3.179217921792…라면,

$$
\begin{aligned}
& 3.179217921792\cdots \\
&= 3 + 0.179217921792\cdots \\
&= 3 + \frac{1792}{9999} \\
&= \frac{3\times 9999}{9999} + \frac{1792}{9999} \\
&= \frac{3\times(10000-1)+1792}{9999} \\
&= \frac{30000-3+1792}{9999} \\
&= \frac{30000+1789}{9999} \\
&= \frac{31789}{9999}
\end{aligned}
$$

다시 0.999…의 이야기로 돌아가서, 여기에 이 방법을 사용하면 $\frac{9}{9}$ 이므로 답은 당연히 1이 됩니다. 역시 눈 깜빡할 사이에 풀 수 있지요. **계산도 빠르고 정확합니다.**

다른 사람들에게 가르쳐 주고 싶어서 입이 근질근질해지지 않나요?

73 정팔면체의 부피는 정사각형을 이용해서 구할 수 있다

아키타 다카히로

시험에 나올 가능성 ★★★ 분위기를 띄울 가능성 ★ 사회생활에 도움이 될 가능성 ★

여러분은 **정팔면체의 부피**를 어떤 방법으로 구하십니까? 사실 이 문제는 관점을 조금만 바꿔도 쉽게 풀 수 있습니다. 다음의 그림에서 사각형 ABFD를 주목하십시오. 이 사각형, 정사각형이지요?

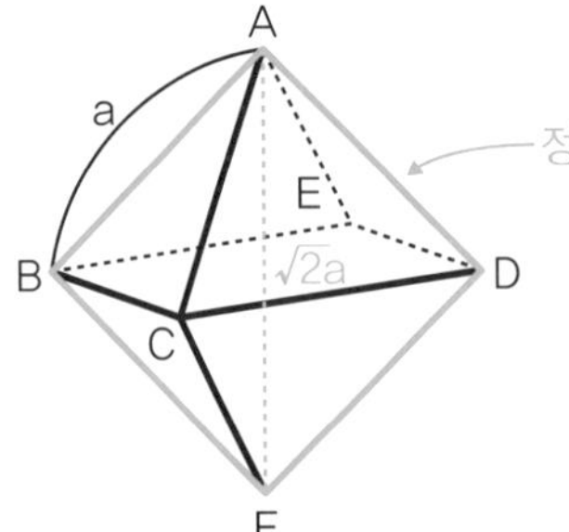

$$\frac{1}{3}\times \text{사각형 ABFD}\times \text{AF}$$
$$=\frac{1}{3}\times a^2\times \sqrt{2}a$$
$$=\frac{\sqrt{2}}{3}a^3$$

이 **정사각형의 '대각선=높이'**가 되지요!

그러므로 정팔면체의 부피는

$$\frac{1}{3}\times \text{사각형 ABFD}\times \text{AF}$$

로 구할 수 있습니다.

정사각형의 한 변을 a라고 하면, 부피는 $\frac{\sqrt{2}a^3}{3}$ 입니다.

아주 유용해 보이네요. 참고로 모든 변의 길이가 같은 정사각뿔도 이 부피를 2로 나눠서 구할 수 있습니다.

74

3차 함수의 접선 문제

히라이 모토유키

시험에 나올 가능성 ★★★ 분위기를 띄울 가능성 ★ 사회생활에 도움이 될 가능성 ★★

인문 계열의 사람에게 최후의 난관은 3차 함수의 미적분입니다. 1차 함수의 그래프는 직선이고 2차 함수의 그래프는 포물선인데 3차 함수의 그래프는 구불구불한 모양이라 이해하기가 어렵지요!

하지만 포물선이 선대칭이라는 아름다운 성질을 지니고 있듯이 3차 함수도 아름다운 성질을 지니고 있답니다.

이름하여 **'판형 초콜릿의 정리'**입니다.

그림 1을 보시기 바랍니다.

그림 1

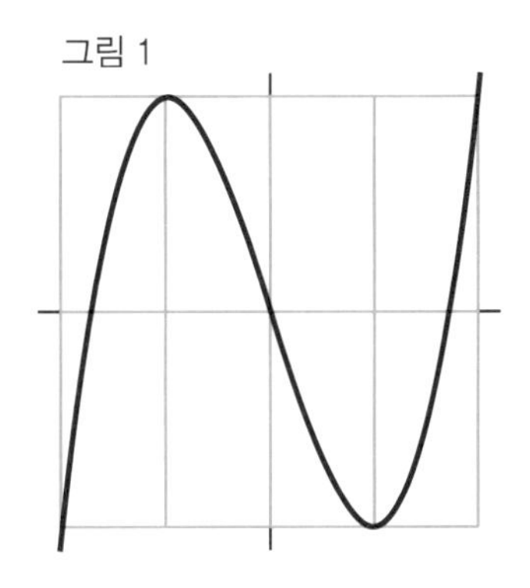

변곡점과 극대점, 극소점을 이용해서 이렇게 직선을 그리면 3차 함수가 정확하게 들어갑니다. 여기에서 중요한 포인트는 이 8칸이 전부 합동인 직사각형이라는 점이지요. 판형 초콜릿을 연상시키는 모양입니다.

이 성질을 이용하면 계산이 번거로운 문제를 아주 쉽게 풀 수 있지요.

이 문제를 함께 살펴보겠습니다.

문제

$y=f(x)=x^3-3x$가 극댓값을 갖는 점(극대점)을 P라고 하고, 점 P와 $f(x)$의 접선이 $f(x)$와 만나는 점을 Q라고 한다. 이때 점 Q의 좌표를 구하시오.

이 문제를 보통의 방법으로 풀면,

$f(x)=x^3-3x$

$f'(x)=3x^2-3$

$\quad\quad =3(x+1)(x-1)$

증감표는

x	…	−1	…	1	…
f′(x)	+	0	−	0	+
f(x)	↗	2 극대	↘	−2 극소	↗

$f(-1)=(-1)^3-3\times(-1)=2$

$f(1)=1^3-3\times1=-2$

따라서 점 $P(-1,\ 2)$이며, 접선의 방정식은 $y=2$이다.

$y=f(x)$와 $y=2$의 교점을 구하면

$$x^3-3x=2$$

$$x^3-3x-2=0$$

$(x+1)^2(x-2)=0$에서 $x=-1$(중근), 2

점 Q의 좌표는 (2, 2)이다.

가 됩니다. 하지만 판형 초콜릿의 정리를 이용하면,

$f'(x)=3(x+1)(x-1)$에서, 그래프는

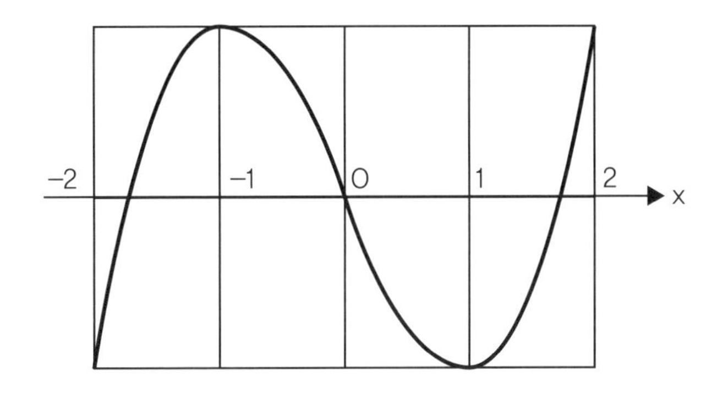

접선이 $f(x)$와 만나는 곳은 $x=2$이므로,

$f(2)=2^3-3\times 2=2$

따라서 점 Q의 좌표는 (2, 2)이다.

와 같이 풀이 과정을 상당히 단축할 수 있습니다. **3차 함수의 접선 문제에서 대단한 계산 방법**입니다.

꼭 사용해 보시기 바랍니다.

75

N진법을 10진법으로 바꾸는 방법

아키타 다카히로

시험에 나올 가능성 ★★★ 분위기를 띄울 가능성 ★ 사회생활에 도움이 될 가능성 0

여러분은 **N진법을 10진법으로 바꾸는 방법**을 기억하고 있나요?

가령,

$1011_{(2)} = 1\times2^3+0\times2^2+1\times2^1+1\times2^0$

따라서

$1011_{(2)} = 11$

임을 알 수 있습니다.

그런데 **다음의 계산 방법을 사용하면 지수를 사용하지 않고도 구할 수 있답니다.**

같은 문제를 가지고 시험해 보겠습니다.

$1011_{(2)} = 1\times2+0\times2+1\times2+1$

이것을 +와 ×의 우선순위를 신경 쓰지 않고 왼쪽부터 차례대로 계산하면 11이 나옵니다.

왼쪽부터 차례대로 계산하기만 하면 됩니다.

방법은 다음과 같습니다.

① 먼저 구하고자 하는 N진법의 수를 적습니다.

마지막 수에는 아무것도 곱하지 마십시오.

1×○+0×○+1×○+1

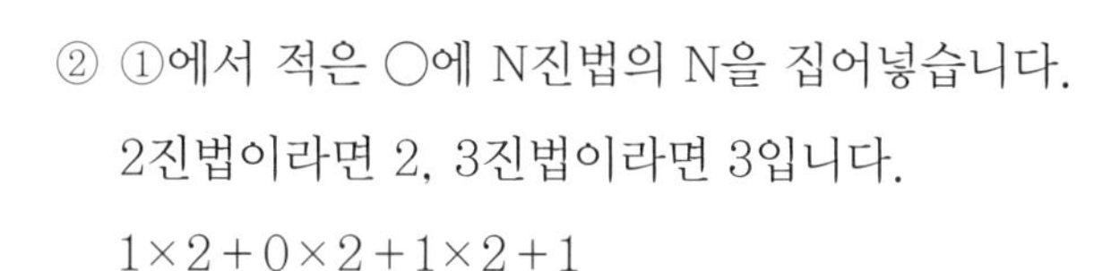

② ①에서 적은 ◯에 N진법의 N을 집어넣습니다.
2진법이라면 2, 3진법이라면 3입니다.
$1 \times 2 + 0 \times 2 + 1 \times 2 + 1$

③ 왼쪽부터 계산 규칙에 얽매이지 않고 순서대로 계산합니다.

$1 \times 2 + 0 \times 2 + 1 \times 2 + 1$

2 → 2 → 4 → 5 → 10 → 11

조금 신기하지 않나요? 지수를 잘 모르겠다면 이 방법을 써 봐도 좋을 것입니다.

76

극한의 수렴을 가시화하자

요코야마 아스키

시험에 나올 가능성 ★★★ 분위기를 띄울 가능성 ★★ 사회생활에 도움이 될 가능성 ★

아래의 식을 봤을 때 답이 바로 머릿속에 떠올랐습니까?

$$\frac{1}{2}+\frac{1}{4}+\frac{1}{8}+\frac{1}{16}+\frac{1}{32}+\cdots$$

답은 놀랍게도 '1'입니다. 극한을 배운 사람은 금방 답을 말할 수 있을지도 모르지만, 그렇지 않은 사람은 대체 이게 뭔가 싶을 것입니다.

그런데 **이것을 단번에 이해하는 방법**이 있어서 소개하려고 합니다. 다음 페이지를 보십시오!

$$\frac{1}{2}+\frac{1}{4}+\frac{1}{8}+\frac{1}{16}+\cdots=1$$

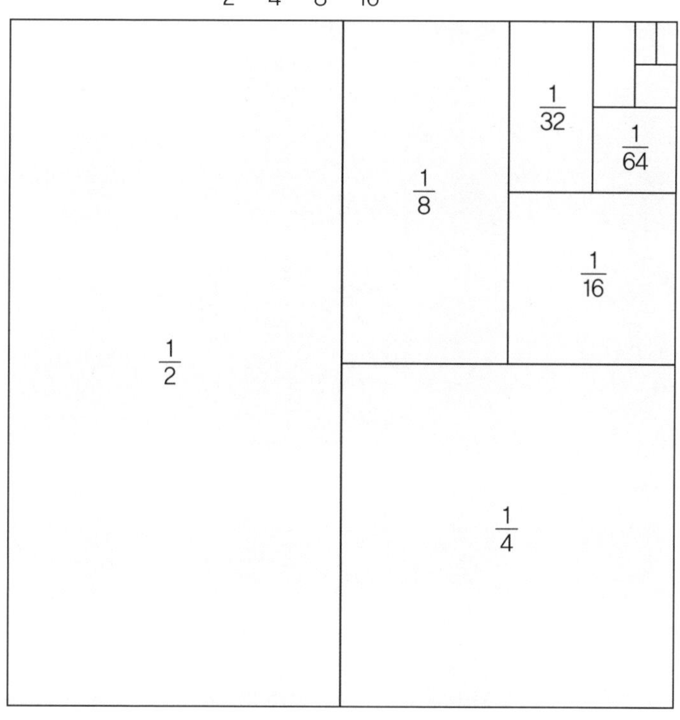

어떻습니까? 금방 이해가 되지요?

COLUMN

소리 내어 읽고 싶은 수학 용어 — ⑤

아녜시의 마녀

＼ 해설 ／

$(x^2+c^2)y-c^3=0$의 그래프를 그렸을 때 나타나는 곡선이 아녜시의 마녀입니다. 이 곡선에 어떤 성질이 있어서 마녀로 불리는지 궁금할 텐데, 아쉽게도 사실은 이탈리아어를 영어로 옮기는 과정에서 발생한 ‘오역’입니다. 요컨대 마녀와는 전혀 상관이 없는, 그저 뭔가 있어 보여서 소리 내어 읽고 싶은 수학 용어이지요!

제5장

사람들에게 자랑할 수 있을지도 모르는 수학 잡담

77

피식 웃게 되는 수학 용어

히라이 모토유키

시험에 나올 가능성 ★ 분위기를 띄울 가능성 ★★ 사회생활에 도움이 될 가능성 ★

수학에는 다양한 종류의 어려운 문제가 등장합니다.

풀기 어려운 방정식, 그리기 어려운 도형이나 그래프, 실수를 연발하게 되는 계산……. 그리고 '발음하기 어려운 문제'도 있습니다. 바로 '수주순열(쥬주쥰레쓰)'입니다.

수업을 하는 교사가 수업 중에 '쥬쥬준레쓰', 문제를 풀던 학생이 '주쥬쥰레쓰', 그러자 옆의 학생이 비웃으면서 '주쥬준레쓰'라고 정정합니다. 이쯤 되면 정답인 '쥬주쥰레쓰'조차 오답처럼 느껴지지요.

사실 이렇게 말하는 저도 1시간 동안 수업을 하다 보면 반드시 틀립니다. 그럴 때마다 학생들 사이에서 웃음소리가 새어나오는데, 제가 틀린 것이라 화를 낼 수도 없습니다. 화를 낸들 저만 이상해 보일 뿐이지요.

그래서 추천하는 방법이 아예 처음부터 '쥬쥬쥰레쓰'라고 발음하면서 수업하는 것입니다. 칠판에서는 '쥬주쥰레쓰'라고 쓰지만 입으로는 계속 '쥬쥬쥰레쓰'라고 발음하는 것이지요.

수업을 시작할 때도 이렇게 선언합니다.

"오늘은 쥬주쥰레쓰라는 것을 공부할 텐데, 이게 발음하기가 굉장히 어려워서 반드시 틀릴 터라 아예 처음부터 '쥬쥬쥰레쓰'라고 말할 것이니 머릿속에서 '쥬주쥰레쓰'로 이해하도록 해."

이렇게 말해 놓으면 안심할 수 있지요.

또한 해와 계수의 관계는 발음에 '가'행이 연속되기 때문에 'KKK'로, 부분 분수 분해는 'BBBB'로 통일하고 있습니다.

이렇게 하면 수업 중에 웃음이 터져 나옵니다. 어떤 학생은 "유치해~."라고 말하면서도 웃고, 어떤 학생은 웃음보가 터져서 주체를 못하고, 어떤 학생은 주위에서 웃으니까 덩달아서 웃고, 반 전체의 분위기가 밝아지지요.

78 아름다운 계산식

요코야마 아스키

시험에 나올 가능성 ★　　분위기를 띄울 가능성 ★★　　사회생활에 도움이 될 가능성 ★

간단한 계산만으로 아름다운 답을 얻을 수 있다면 어디에서나 쉽게 꺼낼 수 있는 훌륭한 이야깃거리라고 할 수 있을 것입니다. 이번에 소개할 것이 바로 그런 신기한 계산입니다. 그러면 첫 번째 예를 소개하겠습니다.

$$3^3+4^4+3^3+5^5$$

어떤 수를 같은 수만큼 거듭제곱하고 그것을 더한 문제입니다. 비교적 간단하게 풀 수 있는 이 식을 계산해 보면 참으로 신기하고 재미있는 답이 나오지요.

$$3^3+4^4+3^3+5^5=3435$$

이 답의 비밀을 눈치채셨나요? 그렇습니다. 좌변에 3, 4, 3, 5가 나열되어 있는데 우변에도 같은 숫자가 나열되어 있지요. 정말 신기하지 않나요?

이런 결과가 나오는 식은 더 있습니다. 가령 이 식도 계산해 보면 신기한 답이 나오지요.

$$16^3+50^3+33^3=165033$$

16과 50과 33을 각각 세제곱해서 더했더니 똑같은 숫자가 나열되었습니다. 또한,

$$166^3 + 500^3 + 333^3$$

이것을 계산하면

$$166^3 + 500^3 + 333^3 = 166500333$$

와 같이 좌변의 숫자가 우변에 그대로 나열됩니다!

정말 아름답다고밖에 할 말이 없네요!

79 피타고라스 정리로 구하는 수평선까지의 거리

고바야시 유토

시험에 나올 가능성 ★　분위기를 띄울 가능성 ★★　사회생활에 도움이 될 가능성 ★★

바다에 가면 해수면과 하늘의 경계선인 수평선이 보입니다. 그런데 **자신이 서 있는 위치에서 수평선까지의 거리는 얼마나 될까요?** 이것을 계산해 보려 합니다.

먼저 예상을 해 보시기 바랍니다. 바다 근처에 사는 분은 실제로 보러 가는 것이 제일 좋겠고, 근처에 바다가 없더라도 지상과 하늘의 경계선인 지평선이 보인다면 지평선까지의 거리를 생각해 봐도 좋습니다.

그러면 정답을 발표하겠습니다.

'수평선까지의 거리(km) $= 3.57 \times \sqrt{\text{시선의 높이(m)}}$' 입니다.

시선의 높이가 1.6미터라면 수평선까지의 거리 $= 3.57 \times \sqrt{1.6} \fallingdotseq 4.5$킬로미터이지요.

신장에 따라 다소 차이는 있지만, 키가 1.5미터인 사람은 약 4킬로미터, 2미터인 사람은 약 5킬로미터가 됩니다.

어떤가요? 예상한 대로인가요?

그런데 왜 '수평선까지의 거리(km) $= 3.57 \times \sqrt{\text{시선의 높이(m)}}$'로 구할 수 있을까요?

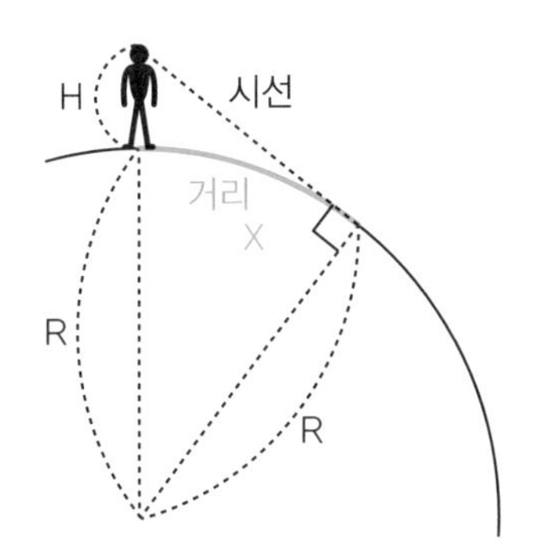

그림에서 '시선의 길이'를 '수평선까지의 거리'로 보고 '피타고라스의 정리'를 사용해서 근삿값을 구해 보도록 하겠습니다.

지구의 반지름을 R(km), 시선의 높이를 H(km), 수평선까지의 거리를 X(km)라고 합니다.

이때 '원의 접선'과 '그 접점과 지구의 중심을 연결하는 선'은 수직으로 만나기 때문에 직각삼각형이 보입니다!

이제 다음과 같은 문제를 생각해 봅니다.

빗변의 길이가 R+H, 다른 한 변의 길이가 R인 직각삼각형의 나머지 변의 길이 X를 구하시오.

그리고 137쪽에서 소개한 **'피타고라스 정리의 숨겨진 비밀'을 사용합니다.**

'빗변의 길이 R+H'와 '다른 한 변의 길이 R'의 합과 차를 구하면 합은 2R+H, 차는 H가 됩니다. 그리고 $X=\sqrt{합 \times 차}$이므로,

$X=\sqrt{(2R+H)\times H}$

여기에서 지구의 반지름 R에 대해 시선의 높이 H는 오차 범위이므로 $2R+H \to 2R$이라고 하면,

$X=\sqrt{2RH}$ ……①

가 됩니다.

지구의 반지름 $R=6,371km$ ……②

시선의 높이 H의 단위가 킬로미터(km)이므로 미터(m)인 h로 바꾸면,

$H=h/1000$ ……③

이제 ②, ③을 ①에 대입하면,

$X=\sqrt{2\times6371\times h/1000}$

$X=\sqrt{12.742h}$

$\sqrt{12.742}\fallingdotseq3.57$이므로,

$X=3.57\sqrt{h}$

따라서,

'수평선까지의 거리(km) $=3.57\times\sqrt{\text{시선의 높이(m)}}$'

가 되는 것입니다!

이 공식, 시선의 높이(m)를 알면 수평선까지의 거리(km)를 알 수 있는 매우 유용한 공식입니다!

가령 해변에 위치한 고급 호텔의 최고층(지상 100미터)에서 바다를 바라보면,

수평선까지의 거리(km) $=3.57\times\sqrt{100}=3.57\times10=35.7$(km)

가 되지요.

여담이지만, 고질라의 키는 약 100미터이므로 눈만 좋다면 고질라는 35.7킬로미터 앞을 내다볼 수 있습니다.

그러니 고질라가 나타나면 35.7킬로미터 이상 떨어지도록 합시다!

80

프라임넘버 데이

다카타 선생

시험에 나올 가능성 0 분위기를 띄울 가능성 ★★ 사회생활에 도움이 될 가능성 ★★

일본에서는 2017년부터 '프리미엄 프라이데이'가 시행되고 있습니다. 매달 마지막 주 금요일에는 15시에 퇴근해서 다 함께 술을 마시러 가고, 가게들도 평소보다 할인을 해서 경제를 활성화시키자는 의도이지요.

하지만 저는 이런 생각을 합니다. **경제를 활성화시키고 싶다면 프리미엄 프라이데이보다 프라임넘버 데이를 만드는 편이 더 낫지 않을까요?**

'프라임넘버'는 영어로 소수를 의미합니다. 그러니까 매달 소수인 날에는 일찍 퇴근하는 겁니다! 첫 주만 해도 2일, 3일, 5일, 7일로 모두 나흘이나 일찍 퇴근할 수 있지요! 의욕이 단조증가할 겁니다!

참고로 **미분의 기호인 '′'은 '프라임'이라고 읽습니다.**

그런 의미에서, **프라임넘버 데이에는 점포도 모든 가격을 미분합시다!** 요컨대 전 품목 0원! 그랬다가는 가게 경영이 기울어 버린다고 하시는 분들! 원래 미분의 결과는 '기울기'입니다!

중요한 내용이므로 다시 한 번 말하겠습니다!

원래 미분의 결과는 '기울기'입니다!

아, 그러니까……, 이 말이 하고 싶었습니다.

81

카프리카 수

생큐 구라타

시험에 나올 가능성 0 분위기를 띄울 가능성 ★★ 사회생활에 도움이 될 가능성 ★

임의의 네 자리 수에 대해,

① 숫자가 큰 순서대로 다시 나열한다.

② 숫자가 작은 순서대로 다시 나열한다.

③ ①-②를 계산한다.

④ ③에 대해 같은 작업을 반복한다…….

이 작업을 반복하다 보면 ③은 반드시 6174가 됩니다. **이 '6174'를 '카프리카 수'라고 하지요.**

▼실제로 계산해 봅시다

제가 태어난 해인 1985에 대해 위의 조작을 반복하면,

① ② ③

9851 − 1589 = 8262

8622 − 2268 = 6354

6543 − 3456 = 3087

8730 − 0378 = 8352

8532 − 2358 = 6174

7641 − 1467 = 6174

가 되며, 이후로는 6174가 끝없이 반복됩니다.

참고로 임의의 네 자리 수가 1111, 2222처럼 전부 같은 숫자일 경우는 6174가 아니라 0이 되며, 그 밖의 수에서는 495, 549945, 631764 등의 카프리카 수가 있습니다.

그리고 카프리카 수에는 또 다른 정의가 있습니다.

- 임의의 양의 정수를 제곱한다.
- 제곱한 값의 자릿수가 짝수라면 앞의 n자리와 뒤의 n자리로 나눈다.
- 제곱한 값의 자릿수가 홀수라면 앞의 n자리와 뒤의 (n+1)자리로 나눈다.
- 앞과 뒤를 더한다.

이렇게 더했을 때 임의의 양의 정수가 되면 카프리카 수입니다.

▼실제로 계산해 봅시다

$297^2 = 88209$

88, 209

$88 + 209 = 297$

297

이 정의에 따른 카프리카 수로는 9, 45, 55, 99, 297, 703, 999, 2223, 2728, 4950 등이 있으며, 9로만 구성된 수는 언제나 카프리카 수가 됩니다.

82

프리드먼 수

생큐 구라타

시험에 나올 가능성 0 분위기를 띄울 가능성 ★★ 사회생활에 도움이 될 가능성 ★

'**프리드먼 수**'는 임의의 수에 사용된 숫자를 ① 재배열하거나, ② 덧셈·뺄셈·곱셈·나눗셈을 하거나, ③ 거듭제곱을 해서 원래의 수와 일치시킬 수 있는 수입니다. ①, ②, ③은 단독으로 사용해도 되고 조합해서 사용해도 무방합니다. 여기에서는 ①, ②, ③의 작업을 통틀어서 '**프리드한다**'라고 부르겠습니다. 가령 25를 프리드하면 5^2로 만들 수 있는데, 5^2의 답은 25이므로 프리드먼 수임을 알 수 있지요. 125도 프리드먼 수입니다. 5^{1+2}로 만들면 답은 125가 됩니다.

▼프리드해 보자

그러면 지금부터는 여러분이 프리드해 보시기 바랍니다. 아래는 전부 프리드먼 수입니다. 프리드할 때 괄호를 사용해도 무방합니다.

121 = 126 = 127 = 128 =
153 = 216 = 289 = 343 =
347 = 625 = 688 = 736 =
1022 = 1024 = 1206 =
1255 = 1260 = 1285 =

참고로, ②와 ③만으로 프리드하는 프리드먼 수를 '나이스 프리드먼

수'라고 부른다고 합니다. 조금 촌스러운 명칭이지만, 이번에는 나이스 프리드해 봅시다.

2187 =	2502 =	2592 =
2737 =	3125 =	3685 =
3864 =	3972 =	4096 =
6455 =	99999999 =	

답은 198쪽에.

83

피타고라스 정리의 진화형

고바야시 유토

시험에 나올 가능성 ★★★ 분위기를 띄울 가능성 ★ 사회생활에 도움이 될 가능성 0

모두가 좋아하는 **'피타고라스의 정리'**의 기본형은 이것입니다!

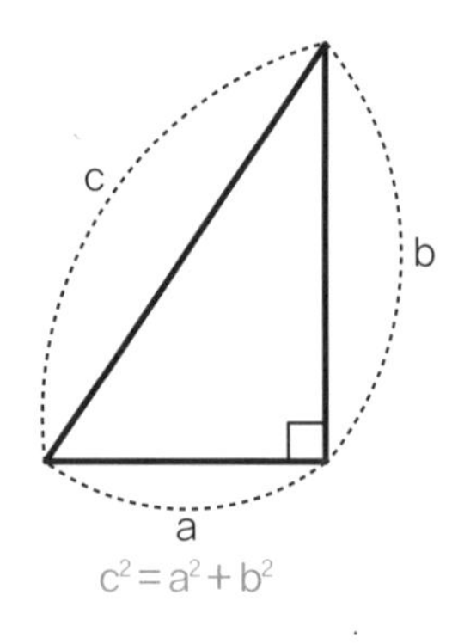

$c^2 = a^2 + b^2$

그런데 이것의 3차원(입체) 버전이 있다는 사실을 아시나요?

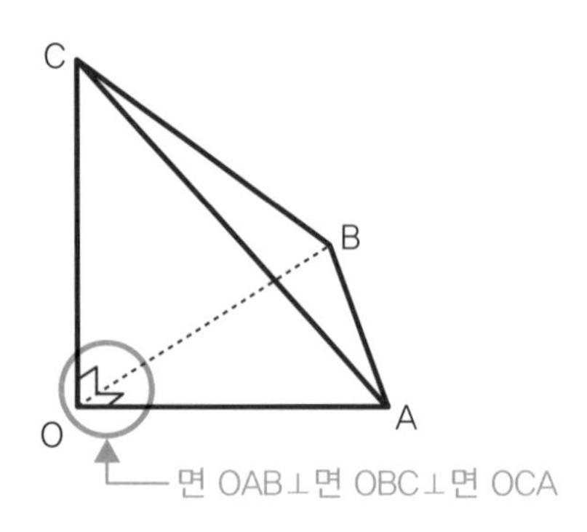

그림의 삼각기둥은 놀랍게도! 정말 놀랍게도!! 진짜 놀랍게도!!!

$(\triangle ABC\text{의 넓이})^2 = (\triangle OAB\text{의 넓이})^2 + (\triangle OBC\text{의 넓이})^2 + (\triangle OCA\text{의 넓이})^2$

이 성립합니다!

일본에서는 피타고라스의 정리를 '삼평방(三平方)의 정리'라고 부르는데, 이것은 평방(제곱)이 4개 있으니 **'사평방의 정리'**이지요!

앞으로는 누가 **"제일 좋아하는 수학 정리는 뭔가요?"라고 물어보면 "사평방의 정리입니다!"라고 대답합시다!**

"혹시 삼평방의 정리를 말씀하신 건가요?"라고 되물었다면 작전 성공!

"아니요. 사평방의 정리라는 게 있습니다!"라고 대답해 봅시다!

틀림없이 주위 사람들에게 불쾌한 친구로 인식되어서 사면초가, 아니 사평방초가에 빠질 것입니다!

84

수학의 '구조'를 탐구한다

아지사카 못초

시험에 나올 가능성 ★ 분위기를 띄울 가능성 ★★ 사회생활에 도움이 될 가능성 ★★

이번에는 진지한 이야기를 해 보겠습니다.

수학에서 탐구되는 대상에는 어떤 것이 있을까요? 대표적인 예로 **'수'**가 있고, **'도형'**도 자주 볼 수 있는 예이지요. 그 밖에 **'식'**이라든가 **'함수'** 등도 있을 것입니다.

이번에 할 이야기는 이 가운데 어디에도 해당하지 않습니다.

'수의 덧셈'을 생각해 보겠습니다. 짝수와 짝수를 더하면 반드시 짝수가 됩니다. 2+4=6이지요. 어떤 수를 대입하든 반드시 그렇게 됩니다. 그리고 홀수와 홀수를 더하면 이 또한 반드시 짝수가 되지요. 한편 홀수와 짝수를 더하면 이번에는 어떤 수를 대입하든 반드시 홀수가 됩니다.

이러한 관계성을 표로 나타내면 다음과 같습니다.

+	짝	홀
짝	짝	홀
홀	홀	짝

이번에는 **'1과 −1의 곱셈'**을 생각해 봅시다.

1과 1을 곱하면 당연히 1이 됩니다. −1과 −1을 곱해도 1이 됩니다. 한편 1과 −1을 곱하면 이것은 −1이 됩니다. 표로 만들면 다음과 같지요.

×	1	−1
1	1	−1
−1	−1	1

그렇습니다! 홀수 · 짝수의 관계와 완전히 똑같지요! '짝수'를 '1'로, '홀수'를 '−1'로, '+'를 '×'로 바꾸면 완전히 같은 표임을 알 수 있습니다.

다만 그렇다고 해서 "짝수와 1, 홀수와 −1은 같은 성질을 지니고 있다."라고 말할 수 있는가 하면 그렇지는 않습니다. 그렇다면 대체 무엇이 같을까요? '홀수와 짝수의 덧셈', '1과 −1의 곱셈'이 만들어내는 '구조'가 같은 것이지요.

이 구조를 수학적으로 파악해 봅시다. '수'도, '도형'도, '식'도, '함수'도 아닌 '구조'를 탐구하는 수학 분야를 **'군론'**이라고 합니다. 고등학교까지의 수학 교육과정에서는 거의 다뤄지지 않는 분야이지요. 등장하는 일은 적지만, 겉으로 보기에 전혀 다른 둘이 같은 구조를 보여서 신선한 충격을 가져다줍니다.

85

친화수와 사교수

생큐 구라타

시험에 나올 가능성 ★　　분위기를 띄울 가능성 ★★　　사회생활에 도움이 될 가능성 0

220의 약수는 {1, 2, 4, 5, 10, 11, 20, 22, 44, 55, 110, 220}입니다. 이것을 자기 자신(220)만 빼고 더하면,

$$1+2+4+5+10+11+20+22+44+55+110=284$$

284의 약수는 {1, 2, 4, 71, 142, 284}입니다. 이것을 자기 자신(284)만 빼고 더하면 다음과 같습니다.

$$1+2+4+71+142=220$$

220과 284는 **약수를 모두 더하면 상대방이 되는 특별한 관계**의 수입니다. 이러한 관계를 지닌 수의 조합을 '친화수'라고 하지요. 이 친화수를 제일 먼저 발견한 사람은 피타고라스인데, 페르마나 데카르트조차도 한 쌍밖에 발견하지 못했을 만큼 찾아내기가 어렵습니다. 가장 작은 친화수는 지금 소개한 220과 284이고, 그 다음은 1184와 1210입니다.

또 **'혼약수'**라는 수도 있습니다. 친화수와 비슷하지만 약수의 합을 구할 때 1을 제외합니다. 혼약수의 예로는 48과 75가 있지요. 친화수와 혼약수는 거의 같은데, 명칭이 서로 바뀌지 않아서 다행입니다. **'사교수'**라는 것이 있기 때문입니다.

"셋 이상의 친화수의 조합을 사교수라고 한다."

사전에 따르면 '우애'란 친구에 대한 친애의 정, 즉 우정입니다. 애정과 달리 우정은 3명 이상의 사이에서도 성립하지요. 우정은 3명 이상의 사이에서도 성립하므로 친화수에 세 번째 수가 끼어들었습니다. 사이가 좋은 두 사람의 사이에 세 번째 사람이 끼어든다 해도 우정은 깨지지 않지요. 하지만 명칭이 반대여서 지금의 친화수가 '혼약수'로 불렸다면 '사교수'는 **'불륜수'**로 불러야 했을지도 모르겠습니다.

3개의 수로 구성된 사교수는 아직 발견되지 않았고, 4개의 수로 구성된 사교수로는 {1264460, 1547860, 1727636, 1305184}가 있습니다.

1264460의 약수 {1, 2, 4, 5, 10, 17, 20, 34, 68, 85, 170, 340, 3719, 7438, 14876, 18595, 37190, 63223, 74380, 126446, 252892, 316115, 632230, 1264460}

1547860의 약수 {1, 2, 4, 5, 10, 20, 193, 386, 401, 772, 802, 965, 1604, 1930, 2005, 3860, 4010, 8020, 77393, 154786, 309572, 386965, 773930, 1547860}

1727636의 약수 {1, 2, 4, 521, 829, 1042, 1658, 2084, 3316, 431909, 863818, 1727636}

1305184의 약수 {1, 2, 4, 8, 16, 32, 40787, 81574, 163148, 326296, 652592, 1305184}

86

2016년은 세기말이었다?

아지사카 못초

시험에 나올 가능성 0　　분위기를 띄울 가능성 ★　　사회생활에 도움이 될 가능성 ★★

새로운 세기가 시작된 지 몇 년이나 지났습니다. 여러분은 어떻게 보내고 계신가요?

'이 사람, 느닷없이 무슨 뚱딴지같은 소리를 하는 거야?'라고 생각하시는 분도 계시겠지만, 2016년은 사실 세기말이었습니다! 물론 이렇게 말하면 '이 친구 완전히 맛이 갔구먼.'이라는 확신만 강해질 테니 설명을 드리겠습니다.

1900년은 19세기의 세기말, 2000년은 20세기의 세기말이었습니다. 애초에 '세기말'이라고 부르는 해는 00으로 끝이 나지요. '세기'의 정의가 100년이므로 당연하다면 당연하다고 할 수 있습니다. '10으로 두 번 나누었을 때 나누어떨어지는 해'라고 표현할 수도 있으며, 이것은 우리 인류가 10진법을 선택했기 때문입니다.

이제 짐작이 가십니까? 네, 그렇습니다. 요컨대 2016년은 '만약 인류가 10진법이 아닌 다른 진법을 선택했다면 세기말이었을 가능성이 있었던 해'인 것입니다.

그렇다면 몇 진법을 채용했을 때 2016년이 세기말이 되었을까요? 소인수분해를 해 보면 찾을 수 있습니다. $2016 = 14 \times 12^2$이므로 '12로 두 번 나누면 나누어떨어짐'을 알 수 있습니다. 즉 **2016년은 '12진법을 채용한 세계의 세기말'이었던 것이지요!** 사람들이 이걸 알았다면 종말론으로 좀 더 시끌벅적하게 보낼 수도 있었을 텐데, 참으로 아쉽습니다.

참고로 말씀드리면, 앞으로 찾아올 가장 가까운 세기말은 2023년입니다($2023 = 7 \times 17^2$). 그때까지 새로운 종말론을 생각해 놓읍시다.

87

수학 기호를 사용하여 한자를 만드는 방법

요코야마 아스키

시험에 나올 가능성 0　　분위기를 띄울 가능성 ★★　　사회생활에 도움이 될 가능성 ★★

수학 기호를 사용해서 한자를 만들 수는 없을까? 여러분에게 도전을 권하고 싶은 놀이입니다. 가령 십이지 중 하나인 닭을 나타내는 '유(酉)'는 유심히 살펴보면 'π'와 'θ'로 보이지 않나요?

π / θ → 酉

그리고 그 옆에 한자수인 삼(三) 혹은 ≡ 기호를 놓으면 '주(酒)'라는 한자를 만들 수 있습니다.

三 π / θ → 酒

이런 식으로 숫자 기호를 사용해서 한자를 만들어 봅시다.

어쩌면 토일(土日)이라는 한자 대신 ±θ를 써서 친구에게 **"이번 주 ±θ 요일에 시간 있어?"**라는 문자를 슬쩍 보내 봐도 눈치채지 못할지 모릅니다. 이처럼 ±는 '토(土)'라는 한자 대신 사용할 수 있을 듯합니다. 또한 삼수변은 앞에서 다뤘듯이 '≡'로 대용할 수 있을 듯하고, 민갓머리는 잘하면 '∩'로 대용할 수 있을지 모르겠습니다.

여러분도 찾아보시기 바랍니다.

88

정직 마을의 불륜 문제

고바야시 유토

시험에 나올 가능성 0 　 분위기를 띄울 가능성 ★★ 　 사회생활에 도움이 될 가능성 ★

어떤 마을에 부부 100쌍이 살고 있는데, 이 마을의 모든 남편은 바람을 피우고 있습니다.

한편 이 마을의 아내는 자기 남편 이외의 유부남이 바람을 피우면 그 사실을 금방 알 수 있습니다. 다만 그 사실을 알리는 일은 절대 없습니다.

또한 이 마을에는 자신의 남편이 바람을 피웠다는 사실을 안 아내는 그날 안에 남편을 죽여야 하는 규칙이 있습니다. 그리고 이 마을의 아내들은 절대 이 규칙을 어기지 않습니다.

어느 날, 마을의 여왕이 마을 사람들을 전부 모아 놓고서 이렇게 말했습니다.

"이 마을의 남편 중 최소 한 사람은 바람을 피우고 있노라."

자, 이 마을에 어떤 일이 일어날까요?

설령 타인의 남편이 바람을 피운 사실을 안다 한들 절대 다른 사람에게 발설하지 않으므로 자신의 남편이 바람을 피웠다는 사실을 알 도리가 없으니 아무 일도 일어나지 않으리라고 생각될 것입니다.

그러면 바람을 피우고 있는 남편의 수를 줄여서 생각해 보겠습니다.

[바람을 피우고 있는 사람이 1명이었을 때]

바람을 피우고 있는 남편이 1명 이상 있을 터인데 그 아내는 바람을 피우고 있는 타인의 남편을 한 명도 모릅니다. 그렇다면 바람을 피우고 있는 사람이 자신의 남편뿐임을 알 수 있지요.

그러므로 1일째에 자신의 남편을 죽이게 됩니다.

[바람을 피우고 있는 사람이 2명이었을 때]

바람을 피우고 있는 남편의 아내는 바람을 피우고 있는 타인의 남편을 1명 알고 있습니다. 한편 바람을 피우고 있지 않은 남편의 아내는 바람을 피우고 있는 타인의 남편을 2명 알고 있습니다.

1일째에는 자신의 남편이 바람을 피우고 있는지 어떤지 알 수 없기 때문에 살인은 일어나지 않습니다.

하지만 바람을 피우고 있는 남편이 1명뿐이었다면 1일째에 살해당했을 터인데 살인이 일어나지 않고 2일째가 된 순간 바람을 피우고 있는 남편이 2명 이상임이 분명해지지요. 그런데 바람을 피우고 있는 남편의 아내는 바람을 피우고 있는 타인의 남편을 1명밖에 모르므로 이 시점에 자신의 남편이 바람을 피우고 있음을 깨닫습니다.

따라서 2일째에 자신의 남편을 죽이게 됩니다.

[바람을 피우고 있는 사람이 3명이었을 때]

바람을 피우고 있는 남편의 아내는 바람을 피우고 있는 타인의 남편을 2명 알고 있습니다. 한편 바람을 피우고 있지 않은 남편의 아내는 바람을 피우고 있는 타인의 남편을 3명 알고 있습니다.

1일째에는 자신의 남편이 바람을 피우고 있는지 어떤지 알 수 없기 때문에 살인은 일어나지 않습니다.

하지만 바람을 피우고 있는 남편이 1명뿐이었다면 1일째에 살해당했을 터이고 2명이라면 2일째에 살해당했을 터인데 살인이 일어나지 않고 3일째가 된 순간 바람을 피우고 있는 남편이 3명 이상임이 분명해지지요.

그런데 바람을 피우고 있는 남편의 아내는 바람을 피우고 있는 타인의 남편을 2명밖에 모르므로 이 시점에 자신의 남편이 바람을 피우고 있음을 깨닫습니다.

따라서 3일째에 자신의 남편을 죽이게 됩니다.

이와 같이 생각하면 100명의 남편 모두가 바람을 피우고 있는 이 마을은 **99일 동안 평온한 일상이 계속되다가 100일째에 모든 남편이 살해당하는 사태가 벌어질 것입니다.**

여왕으로서는 누가 바람을 피우고 있는지 특정하지 않으면서 경고만 보낼 생각이었겠지만, 모른다는 것도 하나의 정보임에는 틀림이 없습니다.

89

만약 수학자가 SNS를 사용했다면?

요코야마 아스키

시험에 나올 가능성 0　분위기를 띄울 가능성 ★★★　사회생활에 도움이 될 가능성 0

만약 수학자가 SNS를 사용했다면 이런 모습이 아니었을까 상상해 봤습니다.

90

아름다운 순환소수

생큐 구라타

시험에 나올 가능성 ★★ 분위기를 띄울 가능성 ★ 사회생활에 도움이 될 가능성 0

'순환소수'는 같은 숫자열이 무한히 반복되는 소수입니다. 가령 1/3을 소수로 나타내면 0.333333333…으로 3이 무한히 계속되지요. 그런데 수많은 순환소수 중에서 이런 것도 있습니다.

1/9801 = 0.0001020304050607080910111213141516171819202122 324252627…9596979900010203O4…

98을 제외한 00부터 99까지의 수가 이어지는 순환소수이지요.

왜 1/9801에 이런 규칙성이 나타난 것일까요? 이것을 이해하기 위해서는 먼저 9801이 어떤 수인지를 알아야 합니다. 네, 그렇습니다. $9801=99^2$이지요.

즉, $1/9801=(1/99)^2$

1/99는 순환소수 0.0101010101010101…이므로

$(1/99)^2=(0.0101010101010101\cdots)^2$

$=(\frac{1}{100}+\frac{1}{10000}+\frac{1}{1000000}+\frac{1}{100000000}+\cdots)^2$

$=\{\frac{1}{100}+(\frac{1}{100})^2+(\frac{1}{100})^3+(\frac{1}{100})^4+\cdots\}^2$

$X=\frac{1}{100}$으로 놓으면,

$=(X+X^2+X^3+X^4+\cdots)^2=X^2+2X^3+3X^4+4X^5+\cdots+nX^{n+1}+\cdots$

이제 X를 $\frac{1}{100}$으로 되돌려 놓으면,

$X = (\frac{1}{100})^2 + 2(\frac{1}{100})^3 + 3(\frac{1}{100})^4 + \cdots$

$= 0.0001 + 2 \times 0.000001 + 3 \times 0.00000001 + 4 \times 0.0000000001 + \cdots$

가 되므로 1/9801 = 0.000102030405…임을 알 수 있습니다.

또한 분모의 수를 조금 바꿔도 비슷한 순환소수를 얻을 수 있습니다.

1/998001 = 0.00000100200300400500600700800901001101201301 4015016017018…

1/99980001 = 0.000000010002000300040005000600070008000900100011001200130…

1/9801과 비슷한 규칙성이 나타납니다.

'규칙성'은 수학의 아름다움 중 하나라고 할 수 있습니다.

91 '무한대로 좋아하는 마음'을 문제 형식으로 정리하기

요코야마 아스키

시험에 나올 가능성 ★　분위기를 띄울 가능성 ★★　사회생활에 도움이 될 가능성 ★★

문제: 남성 "너를 좋아해.", 여성 "나는 그보다 2배 더 좋아해.", 남성 "나는 그보다 3배 더 좋아해.", 여성 "나는 그보다 2배 더 좋아해." …가 계속될 때 이 남녀의 결말을 답하시오. (10점)

해설: n회째일 때 남성의 좋아하는 정도를 X_n,

여성의 좋아하는 정도를 Y_n으로 놓으면 다음의 식이 성립한다.

$$Y_n = 2X_n,\quad X_{n+1} = 3Y_n$$

$$X_1 = a(a > 0)$$

X_1이 양수라는 것은 남성이 좋아한다고 발언한 시점에 자명하다.

식을 변형시키면,

$$X_n = 6X_{n-1}$$

$$Y_n = 6Y_{n-1}$$

이 된다. 이 시행을 무한히 계속했다고 가정해서 n을 무한히 크게 하면,

$$\lim_{n \to \infty} Xn = \infty$$

$$\lim_{n \to \infty} Yn = \infty$$

이 된다.

답: 커플은 발산한다.

92

어이!!!!!!!!!!!

아지사카 못초

시험에 나올 가능성 0 분위기를 띄울 가능성 ★★ 사회생활에 도움이 될 가능성 ★

느낌표를 많이 붙일수록 목소리가 한없이 커지는 것은 아니다.

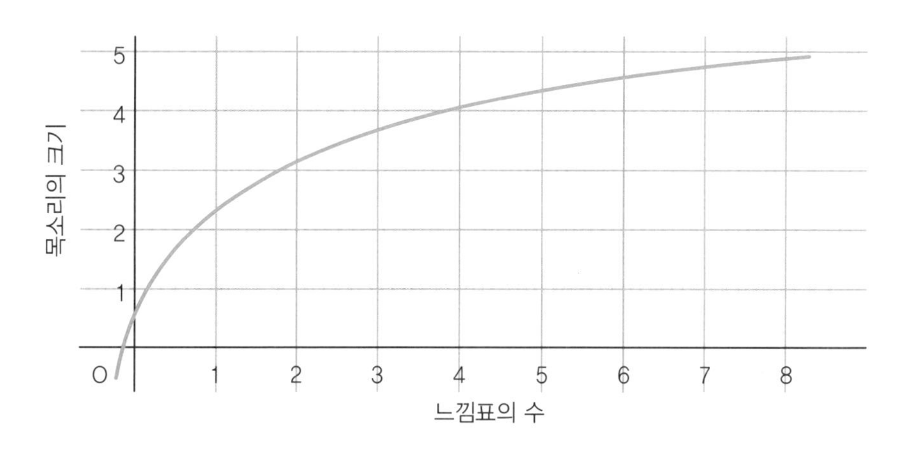

93 의산수가

다카타 선생

시험에 나올 가능성 0　　분위기를 띄울 가능성 ★★　　사회생활에 도움이 될 가능성 ★

수학적으로 옳은 계산식을 이용해 문장을 만드는 놀이를 '의산수가(擬算數歌)'라고 합니다. 제가 생각해낸 의산수가를 몇 개 소개하겠습니다.

작품 1

'첫눈에 반한 식: 3×17=51'

3×(겉모습[1])을

17(예쁘네[2])라고 생각하면 그것이

=51(사랑[3])의 시작이라네.

작품 2

'사랑의 조언식: 51.2+7.8=59.0'

51.2(사랑에[4])

+7.8(고민하고[5]) 있다면

=59.0(고백해라[6])

1 일본어로 '미카케'. 3은 '미'라고도 읽으며, 곱하기는 '가케루'라고 읽는다.
2 일본어로 '이~나'. 1은 '이치', 7은 '나나'라고 읽는다.
3 일본어로 '코이'. 5는 '고', 1은 '이치'라고 읽는다.
4 일본어로 '고이니'. 5는 '고', 1은 '이치', 2는 '니'라고 읽는다.
5 일본어로 '나야무'. 7은 '나나', 8은 '얏쓰'라고 읽는다.
6 일본어로 '고쿠레'. 5는 '고', 9는 '쿠', 0은 '레이'라고 읽는다.

작품 3

'어떤 연예인 부부의 식: 9.28 + 29.80 + 2.14 = 41.22'

9.28(9월 28일)에 결혼한

+ 29.80(후쿠야마[7]) 마사하루와

+ 2.14(후키이시[8]) 이치에는

= 41.22(좋은 부부[9])

작품 4

'풍작의 식: 239 × 4649 = 1111111'

239(흉작[10])일 것 같아서

× 4649(잘 부탁드린다[11])고 하늘에 기도[12]하자

= 1111111

벼[13]가 결실을 맺었다.

작품 5

"마무리하는 식: 7.5 + 31.5 = 39"

7.5(아쉽지만[14]), 이것으로

+ 31.5(마지막[15])입니다.

= 39(감사합니다[16])

7 2는 '후타쓰'라고도 읽으며, 9는 '쿠', 8은 '얏쓰', 0은 동그라미라는 의미의 '마루'로 읽기도 한다.

8 2는 '후타쓰'라고도 읽으며, 1은 '이치', 4는 '시'라고도 읽는다.

9 일본어로 '요이 후후'. 4는 '욘'이라고도 읽으며, 1은 '이치', 2는 '후타쓰'라고도 읽는다.

10 일본어로 '후사쿠'. 2는 '후타쓰', 3은 '산', 9는 '쿠'라고 읽는다.

11 일본어로 '요로시쿠'. 4는 '용', 6은 '로쿠', 9는 '쿠'라고 읽는다.

12 일본어로 '가케루', 곱하기도 '가케루'라고 읽는다.

13 일본어로 '이나'. 1(이치)이 7(나나)개.

14 일본어로 '나고리오시이'. 7은 '나나', 5는 '고'라고 읽는다.

15 일본어로 '사이고'. 3은 '산', 1은 '이치', 5는 '고'라고 읽는다.

16 일본어로 상큐(Thank you). 3은 '산', 9는 '큐'라고도 읽는다.

94

수학에 등장하는 동물들

요코야마 아스키

시험에 나올 가능성 ★　　분위기를 띄울 가능성 ★★　　사회생활에 도움이 될 가능성 ★

수학에는 때때로 동물이 등장합니다. 자주 등장하는 동물로는 '고양이', '원숭이', '비둘기'가 있지요. 수학을 좋아하는 분이라면 이 동물들이 어디에 나오는지 이미 알고 있겠지만, 다시 한 번 간단하게 정리해 보았습니다.

고양이×수학 → 슈뢰딩거의 고양이
원숭이×수학 → 무한의 원숭이 정리
비둘기×수학 → 비둘기집의 원리

슈뢰딩거의 고양이는 굳이 따지자면 물리학에 가깝기는 하지만 패러독스로서 유명한 이야기입니다. 무한의 원숭이 정리는 유명한 확률 이야기로, 의미도 모르고 타자기를 치는 원숭이가 있다고 가정했을 때 그 원숭이가 타자를 무한히 계속 친다면 어떤 문장이라도 칠 수 있는 가능성이 있다는 정리입니다. 그리고 비둘기집 원리는 가령 5명이 있으면 반드시 혈액형(A, B, AB, O형)이 같은 사람이 있다는 논리 이야기입니다.

수학에 등장하는 동물은 이것들 외에도 더 있을 것 같다는 생각이 듭니다. 동물의 이름이 들어간 정리를 저와 함께 생각해 보시지 않겠습니까?

95 영감이 번뜩이면 순식간에 풀 수 있는 문제

다카타 선생

시험에 나올 가능성 ★★ 분위기를 띄울 가능성 ★ 사회생활에 도움이 될 가능성 0

수학의 세계에는 **'머릿속에서 영감이 번뜩이면 순식간에 풀 수 있지만 그렇지 않으면 평생 풀지 못하는'** 문제가 있습니다.

실제로는 계산이 다소 필요할 때도 있기 때문에 정말로 '순식간'에 풀 수 있는 문제는 드물지만, 지금부터 내는 문제는 정말로 영감이 번뜩였다면 '순식간'에 풀 수 있습니다! 머릿속에서 영감이 번뜩여서 답을 떠올리고 종이에 적는 시간까지 포함해도 3초면 충분합니다! 그야말로 '영감이 번뜩이면 순식간에 풀 수 있는 문제'이지요! 제목에 한 점의 거짓도 없습니다! **'영감이 번뜩였을 때의 즐거움', 그리고 '번뜩인 영감을 바탕으로 해답을 이끌어내는 즐거움'을 만끽**하셨으면 합니다! 이 문제의 답은 영감이 번뜩일 때까지 끈질기게 생각해 보셨으면 하는 마음에서 일부러 싣지 않았습니다!

자, 여러분은 이 문제를 풀 수 있을까요?

그러면 문제입니다!

$(x-a)(x-b)$를 전개하면 $x^2-ax-bx+ab$인데,

$(x-a)(x-b)(x-c)\cdots(x-z)$를 전개하면 어떻게 될까요?

96

빠져들면 밤 새워 풀게 되는 계산 문제

고바야시 유토

시험에 나올 가능성 ★ 분위기를 띄울 가능성 ★★ 사회생활에 도움이 될 가능성 ★

여러분은 **'10 만들기'**를 알고 계십니까?

'10 만들기'라는 이름은 들어 본 적이 없더라도 규칙을 들으면 '아, 그거?' 하고 떠오를 것입니다.

주어진 한 자리 숫자 4개와 +, −, ×, ÷, ( ), { }를 사용해서 10을 만드는 놀이이지요.

예를 들어 '2345'가 주어졌다면,

$4 \div 2 + 3 + 5 = 10$

이렇게 하는 것입니다.

수학을 좋아하는 사람이라면 한 번쯤은 티켓에 적힌 번호나 자동차 번호판 등을 보면서 머릿속으로 이런 놀이를 해 본 경험이 있을 겁니다.

우연히 거리에서 발견한 숫자를 가지고 이 놀이를 할 경우, 도저히 10을 만들 수 없어서 골치 아플 때도 있습니다. +, −, ×, ÷, ( ), { }는 사용 가능하고 숫자의 순서를 바꾸는 것도 허용되지만 숫자를 결합하거나 지수를 사용하는 것은 금지일 경우, 한 자리 숫자 4개로 만들 수 있는 715가지 조합 가운데 10을 만들 수 없는 조합은 163가지입니다. 머리가 깨져라 궁리했는데 사실은 10을 만들 수 없는 조합이었다면 정말 허탈하겠지요.

이런 비극이 일어나지 않도록 이것만큼은 반드시 기억해 두시기 바랍니다. +, −, ×, ÷, ( ), { }는 사용 가능하고 숫자의 순서를 바꾸는 것도 허용되지만 숫자를 결합하거나 지수를 사용하는 것은 금지일 경우, '1부터 9까지의 각기 다른 숫자 4개의 조합'이라면 반드시 10을 만들 수 있습니다!

거리에서 우연히 발견한 숫자가 '1부터 9까지의 각기 다른 숫자 4개의 조합'이라면 반드시 10을 만들 수 있습니다.

그러면 이 게임의 유명한 난제를 소개하면서 마무리하겠습니다.

답은 일부러 싣지 않았으니 곰곰이 생각해 보시기 바랍니다!

문제

3 4 7 8

[규칙]

+, −, ×, ÷, ( ), { }는 사용 가능하다.

숫자의 순서를 바꾸는 것도 허용한다.

단, 숫자를 결합하거나 지수를 사용하는 것은 금지한다.

97

빠져들면 밤 새워 풀게 되는 도형 문제

고바야시 유토

시험에 나올 가능성 ★★　　분위기를 띄울 가능성 ★　　사회생활에 도움이 될 가능성 0

보조선이 필요한 도형 문제는 참 어렵습니다.

하지만 어려운 만큼 풀었을 때의 기쁨도 크지요. 설령 풀지 못했더라도 답을 알았을 때의 감동 또한 각별합니다.

특히 보조선을 그리기 전까지는 도저히 풀 수 없는 문제 같았는데 보조선을 그린 순간 답으로 향하는 길이 열리면서 순식간에 답에 도달했을 때는 마치 마술을 본 것과도 같은 충격에 빠집니다.

그런 의미에서 제가 가장 감동 받았던 **보조선이 필요한 도형 문제**를 소개하려 합니다.

'랭글리의 첫 번째 문제(랭글리의 각도 문제)'라는 것입니다!

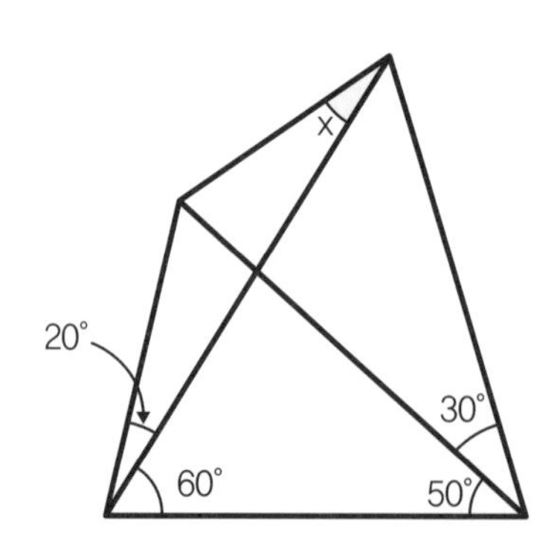

먼저 생각해 보시기 바랍니다. 어떤가요? 어렵지 않아 보이는데 좀처럼 답이 나오지 않을 겁니다.

그러면 정답을 발표하겠습니다!

이 문제를 푸는 방법은 여러 가지가 있지만, 이번에는 제가 가장 감동 받았던 보조선을 그리는 방법을 소개하겠습니다!

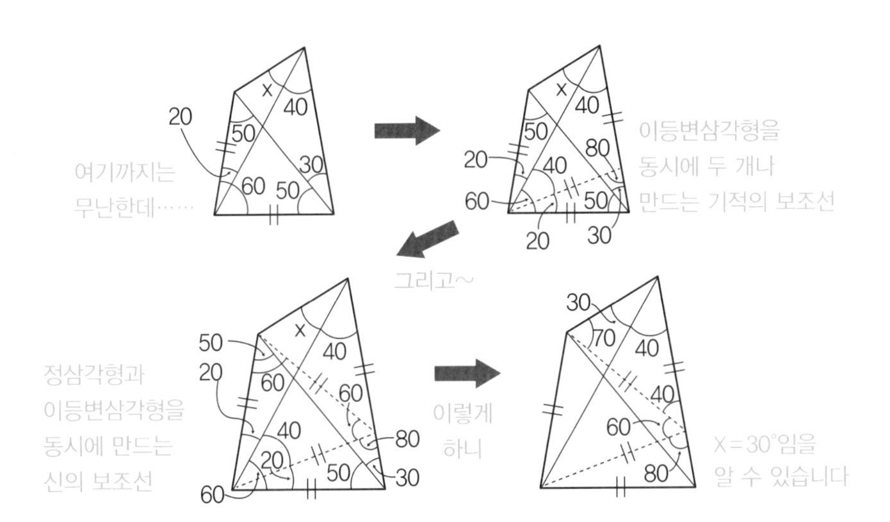

첫 번째 보조선으로 이등변삼각형을 동시에 2개 만들었다 싶더니, 두 번째 보조선으로 정삼각형과 이등변삼각형을 동시에 2개 만들어 버리는 놀라움!

이 문제는 **'랭글리의 첫 번째 문제'**라는 이름이 말해 주듯이 여기에서 파생되는 문제가 산더미처럼 많습니다. 그리고 거의 모든 문제에서 '아니, 이런 방법이!?'라는 감탄이 나오는 보조선이 등장하지요. 흥미를 느낀 분들은 다시 한 번 꼭 찾아보시기 바랍니다.

98 구구단 하이쿠, 수학 하이쿠†

요코야마 아스키

시험에 나올 가능성 0　　분위기를 띄울 가능성 ★★　　사회생활에 도움이 될 가능성 ★

† 일본어 발음의 유사성을 이용한 구구단 하이쿠를 다룬 글입니다.

5 · 7 · 5로 구성되는 하이쿠. 여러분은 이 하이쿠가 수학과 친화성이 높다는 사실을 알고 계신가요? 이를테면 한정된 문장에 많은 정보를 담으려 노력하고 이것이 아름다움을 만들어낸다는 등의 공통점이 있지요.

또한 수학을 5 · 7 · 5로 나타내는 '수학 하이쿠'라는 마이너 장르도 있습니다. 그런 수학 하이쿠 중에서 제가 만들어낸 '구구단 하이쿠'를 소개하겠습니다.

구구하이쿠꽃에는벌레또는보기싫은벌
구구하이쿠하나니와무시야니쿠이하치

이것은 단순히 '구구'라는 글자가 들어가서 구구단 하이쿠가 아닙니다. 사실 이 하이쿠 속에는 구구단이 숨어 있습니다.

일본어 독음과 발음이 유사한 숫자를 대입하면,

9981987286482918

이 됩니다. 이제 이 숫자열에 ×와 =를 넣으면,

$9 \times 9 = 81 \quad 9 \times 8 = 72 \quad 8 \times 6 = 48 \quad 2 \times 9 = 18$

로 구구단이 네 개나 들어 있음을 알 수 있습니다!

어떤가요? 감동 받지 않으셨나요?

99

가로축을 히로미로 놓는다†

아 지 사 카 못 초

시험에 나올 가능성 0　　분위기를 띄울 가능성 ★★★　　사회생활에 도움이 될 가능성 0

† 일본의 인기 가수 '고 히로미'의 히트곡 '2억 4천 만의 눈동자'를 이용한 수학 개그입니다. 가로축의 '5'는 히로미의 성인 '고'와 발음이 같습니다.

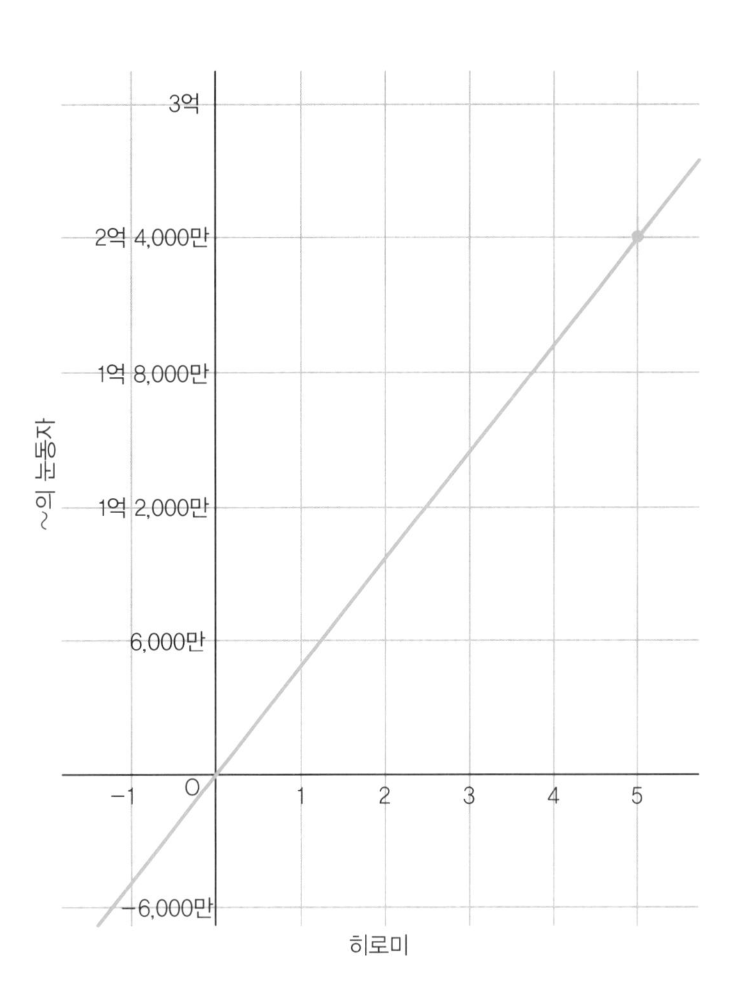

100 천재 수학자의 멋진 한마디

다카타 선생

시험에 나올 가능성 0　　분위기를 띄울 가능성 ★★　　사회생활에 도움이 될 가능성 ★★

인류 역사상 최고의 천재는 누구인가.

이 주제로 논쟁이 벌어질 때마다 반드시 거론되는 인물이 **존 폰 노이만**입니다. 천재 물리학자 아인슈타인이 "최고의 천재는 노이만이다!"라고 말할 정도의 천재이지요.

8세에 미적분을 마스터하고, 12세에 대학 교재를 독파했으며, 17세에 쓴 수학 논문이 전문지에 실리고, 고등학교를 졸업한 뒤 대학 세 곳에 동시 재적했으며, 23세에 수학 · 물리학 · 화학 박사 학위를 취득했습니다.

어렸을 때부터 암산 천재였던 노이만에게는 암산과 관련된 일화도 많이 남아 있습니다.

"전화번호부를 펼쳐서 그 페이지에 적혀 있는 전화번호의 합계를 순식간에 암산했다."

"페르미와 파인만, 노이만이 같은 계산 문제를 풀었을 때 페르미는 대형 계산자를, 파인만은 탁상형 계산기를 사용했지만 노이만은 천장을 멍하니 바라보며 암산으로 풀었으며 심지어 가장 빠르고 정확하게 답을 구했다."

그의 업적은 수없이 많은데, 그중에서도 가장 큰 업적은 컴퓨터의 원형인 '노이만형 컴퓨터'를 만든 것입니다. 노이만은 자신이 개발에 관여한 이 컴퓨터가 완성되었을 때 시연장에서 컴퓨터와 계산 대결을 벌여 승리했는데, 이때 이런 말을 남겼습니다.

"나 다음으로 머리가 좋은 놈이 생겼군."

오오, 끝내준다!!!!!

그리고 이 책이 완성된 지금, 저도 말하고 싶습니다.

"나 다음으로 웃기는 수학 이야기를 하는 놈이 생겼군."이라고 말이지요.

＼ 169쪽의 답 ／

$121 = 11^2$, $126 = 21 \times 6$, $127 = 2^7 - 1$, $128 = 2^{8-1}$, $153 = 51 \times 3$, $216 = 6^{1+2}$, $289 = (8 + 9)^2$, $343 = (3 + 4)^3$, $347 = 7^3 + 4$, $625 = 5^{6-2}$, $688 = 86 \times 8$, $736 = 3^6 + 7$, $1022 = 2^{10} - 2$, $1024 = (4 - 2)^{10}$, $1206 = 201 \times 6$, $1255 = 251 \times 5$, $1260 = 21 \times 60$, $1285 = (1 + 2^8) \times 5$

$2187 = (2 + 1^8)^7$, $2502 = 2 + 50^2$, $2592 = 2^5 \times 9^2$, $2737 = (2 \times 7)^3 - 7$, $3125 = (3 + 1 \times 2)^5$, $3685 = (3^6 + 8) \times 5$, $3864 = 3 \times (-8 + 6^4)$, $3972 = 3 + (9 \times 7)^2$, $4096 = 4^{0 \times 9 + 6}$, $6455(6^4 - 5) \times 5$, $99999999 = (9 + 9/9)^{9-9/9} - 9/9$

숫 자 점

1 10 7 3 12 11 5 9 8 6 4 2

좋아하는 숫자가 있으신가요?
숫자에는 저마다 성질이 있으며, 그 성질을 잘 들여다보면
각 숫자에 성격 같은 것이 있다는 생각이 듭니다.
그래서 여러분이 좋아하는 숫자를 바탕으로 여러분의 성격이나 특징,
행운의 번호 등을 이끌어내 봤습니다.
이른바 수학점이지요. 1부터 12 중에 좋아하는 숫자를 하나 정한 다음
페이지를 넘기시기 바랍니다.

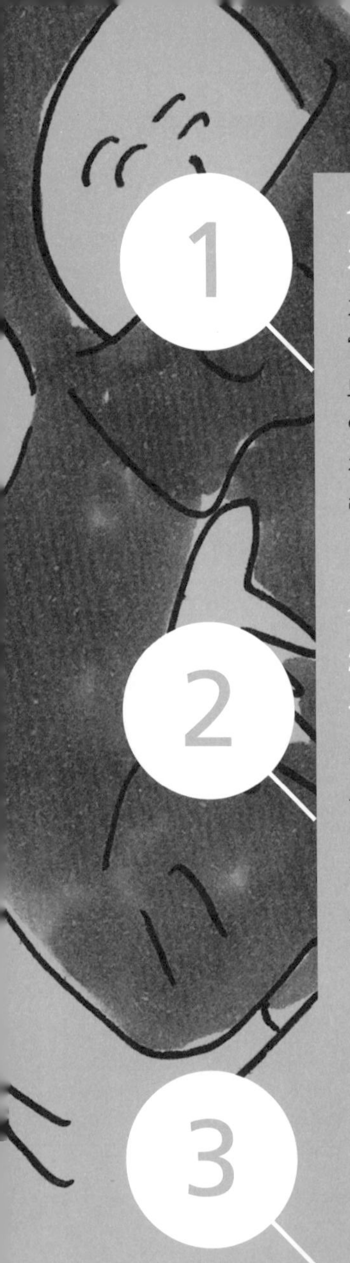

1

1을 선택한 당신은……

개성이 강한 리더형!

기준으로서의 '1'이라는 측면도 있고, 대체로 사물의 시작은 '1'이기에 '일단 나부터'라는 심리가 강합니다. 하지만 소수도 합성수도 아닌 숫자여서 주위로부터 다루기 힘든 존재로 인식되기도 하지요. 그 적극성을 활용해 하고 싶은 일에 매진하시기 바랍니다. 행운의 번호는 '1'이며, 상성이 좋은 사람은 '13' 같은 사람입니다.

2

2를 선택한 당신은……

주목 받으려 하지만 사실은 섬세한 유형!

가장 작은 소수이면서 유일한 짝수 소수인 '2'는 그 성질대로 유일한 존재이지만 소수 이외의 성질로 주목받는 경향이 있으며, 이런 주의의 시선 때문에 자신의 능력을 과소평가하기 쉽습니다. 좀 더 자신에게 자신감을 가지고 적극적으로 생활합시다. 행운의 번호는 '2'이며, 상성이 좋은 사람은 '3'인 사람입니다. 둘을 곱하면 완전수가 되지요.

3

3을 선택한 당신은……

많은 존재를 뒷받침해 주는 유형!

평면을 만들기 위해서 3개의 점이 필요하고 피타고라스 수 중 하나는 3의 배수이듯이, 없어서는 안 될 존재입니다. 자신이 다가가지 않아도 많은 사람을 끌어당기는 매력적인 성질을 지닌 여러분은 그야말로 멋진 존재이지요. 가끔은 자신이 하고 싶은 일을 당당하게 말해 보시기 바랍니다. 그러면 틀림없이 도와주는 사람이 나타날 것입니다. 행운의 번호는 '3'이며, 상성이 좋은 사람은 '2'인 사람입니다. 둘을 곱하면 완전수가 되지요.

4를 선택한 당신은……

신비한 사람으로 생각되기 쉬운 유형!

4색 정리, 4차원 공간, 라그랑주 정리 등 무엇인가 상상하기 어려운 세계를 그리는 4. 생물 분야에서는 DNA의 염기 분자의 연쇄, 소립자 분야에서는 '4개의 힘' 등 여러 분야에서 도움이 되는 존재로 대접받지만, 그 신비함에 다들 거리를 두는 경향이 있습니다. 자신이 먼저 마음을 열도록 노력하십시오. 행운의 번호는 '4'이며, 상성이 좋은 사람은 '4' 또는 '7'입니다.

5를 선택한 당신은……

많은 사람을 매료시키는 멋진 유형!

3과도 7과도 쌍둥이 소수의 관계인 5는 많은 사람의 중심이 되어 사람들을 매료시킵니다. 피타고라스의 정리에서 세 수 중 하나는 반드시 5의 배수인 것처럼 중요한 역할을 담당할 때가 많은 '5'입니다만, 5차 방정식의 근의 공식이 존재하지 않듯이 때로는 다루기 힘든 존재가 됩니다. 흥에 취해서 무리하지 않도록 주의하시기 바랍니다. 행운의 번호는 '5'이며, 상성이 좋은 사람은 '3' 또는 '7'입니다.

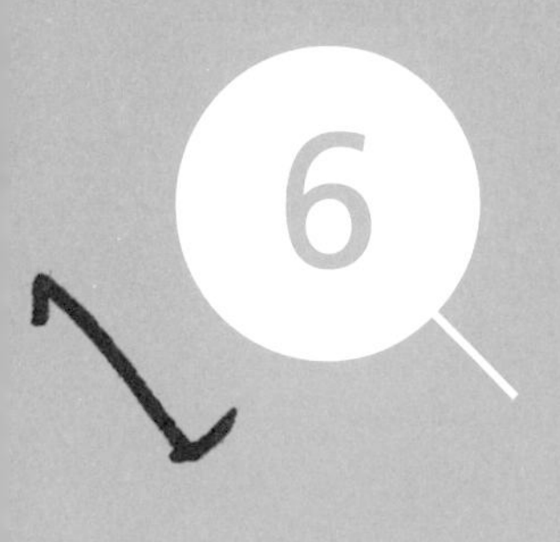

6을 선택한 당신은……

완벽!

가장 작은 완전수로 유명한 당신. 달리 말이 필요 없습니다. 첫 자연수 3개를 더하면 1+2+3=6이 되며, 정육면체라는 아름다운 형태를 만들지요. 이대로 계속 아름다운 존재로 계셔주십시오. 행운의 번호는 '6'이며, 상성이 좋은 사람은 '6'입니다. 혼자서도 충분히 살아갈 수 있습니다.

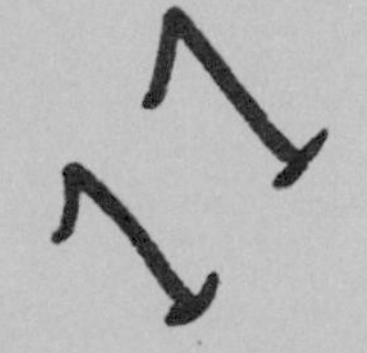

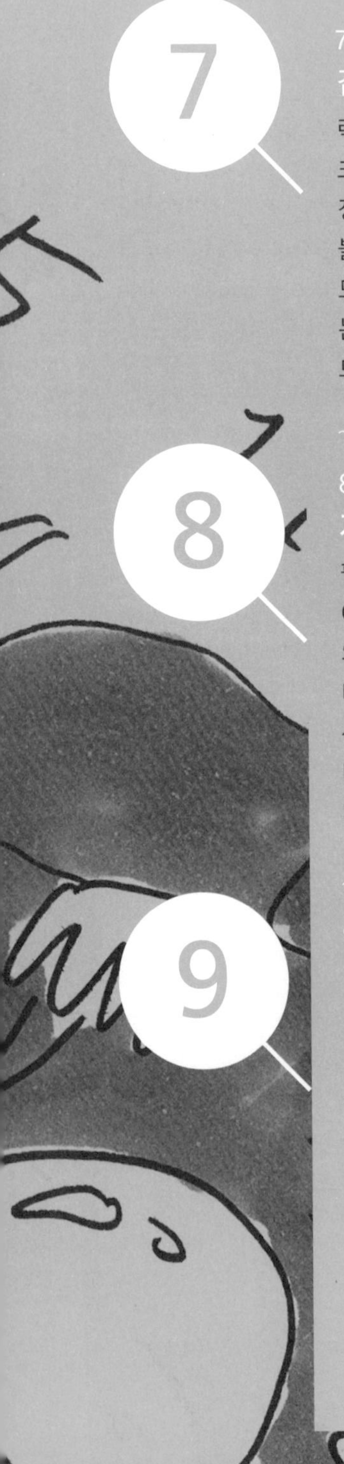

7

7을 선택한 당신은……

겉모습과는 차이가 큰 유형!

럭키세븐으로 불리면서도 그 실체는 어중간한 소수인 7. 케이크를 등분할 때 가장 선호되지 않는 숫자이며, 7의 배수인지 판정하는 방법이 존재는 하지만 그 방법을 아는 사람은 극소수에 불과합니다. 여러분을 진정으로 이해해 주는 사람은 적을지도 모르지만, 틀림없이 멋진 사람이 나타날 것입니다. 행운의 번호는 '7'이며, 상성이 좋은 사람은 '11'입니다. 서로 고독한 존재이므로 어느 정도까지는 서로를 이해할 수 있을 것입니다.

8

8을 선택한 당신은……

자신을 대단하게 보이게 하려는 솜씨가 좋은 유형!

팔방미인이라는 말도 있듯이, 8인 여러분은 언뜻 완벽해 보이기 쉽습니다. 하지만 그 실체는 2의 3제곱이라는 작은 수의 조합에 불과하며, 언젠가 실체가 밝혀질 가능성이 있습니다. 무리하게 대단해 보이려 하지 말고 있는 그대로의 자신을 보이는 편이 더 하루하루를 즐겁게 살 수 있을지 모릅니다. 행운의 번호는 '8'이며, 상성이 좋은 사람은 물론 '2'입니다.

9

9를 선택한 당신은……

완벽주의자로서 존재감이 있는 유형!

숫자 기호 중에서는 가장 큰 수를 나타내는 9. 그 아름다움은 어떤 숫자와 곱해도 사라지지 않아서, 각 숫자를 전부 더하면 다시 9라는 숫자가 나타날 정도이지요. 때로는 타협도 필요할지 모릅니다. 행운의 번호는 '9'이며, 상성이 좋은 사람은 '9'뿐일지도 모르겠네요.

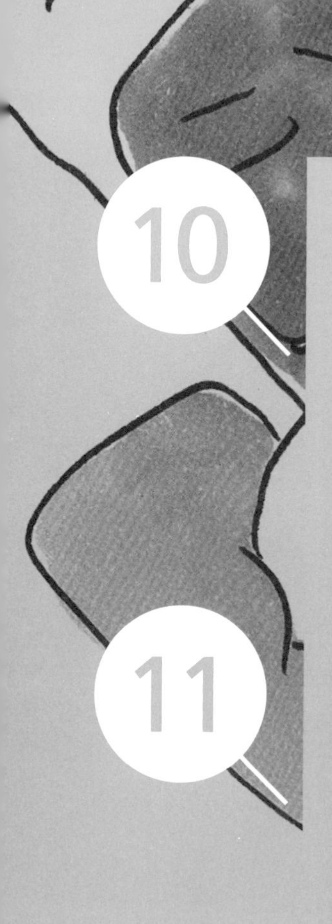

10을 선택한 당신은……

대범한 성격의 소유자!

첫 세 소수의 합이 2+3+5=10이고 첫 네 자연수의 합이 1+2+3+4=10이라서 그런지, 어딘가 상대를 포용하는 성질이 있습니다. 하지만 '10 정도'와 같이 대충 취급되기도 하지요. 때로는 신중해지는 편이 좀 더 행복하게 살 수 있을지도 모릅니다. 행운의 번호는 '10'이며, 상성이 좋은 사람은 '5'입니다.

11을 선택한 당신은……

고독을 좋아하는 유형!

1로만 구성된 소수로서, 다른 숫자의 접근을 허용하지 않습니다. 또한 11의 배수인지 판정하기가 매우 어려운 것에서도 알 수 있듯이 자신의 존재를 좀처럼 드러내지 않고 고독을 즐기는 유형이지요. 고독한 당신에게는 어떤 조언도 의미가 없습니다. 원하는 대로 살아가시기 바랍니다. 행운의 번호는 '11'이며, 상성이 좋은 사람은……, 말해도 의미가 없겠지요.

12

12를 선택한 당신은……

변덕이 심하고 '경박한' 인상을 주기 쉬운 유형!

1, 2, 3, 4, 6, 12라는 많은 약수를 지닌 당신은 많은 사람과 사이좋게 지낼 수 있는 반면에 가벼운 존재로 인식되기 쉽습니다. 인생을 120퍼센트 충실하게 살고 있을 테지만, 조금은 주위에 공헌하려는 마음을 가지셨으면 합니다. 행운의 번호는 '12'이며, 상성이 좋은 사람은 '1, 2, 3, 4, 6, 12'입니다.

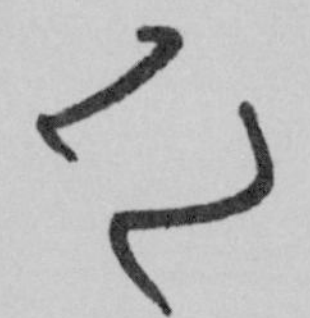

COLUMN

소리 내어 읽고 싶은 수학 용어 — ⑥

대이중변형이중사방십이면체

해설

소리 내어 읽고 싶은 수학 용어라기보다 오히려 소리 내어 읽고 싶지 않은 수학 용어인지도 모르겠습니다. 정삼각형 120개, 정사각형 60개, 별 모양 오각형 24개로 만들어진다고 하는데, 확인하기는…… 조금 힘들 것 같습니다.

'마지막' 토크

자, 마지막 인사입니다!
여러분, 수고하셨습니다. 수학 이야기를 100개나 정리한 소감은 어떻습니까?

수학 이야기를 100개 쓸 수 있으면 101개도 쓸 수 있고, 101개를 쓸 수 있으면 102개도 쓸 수 있을 것이라는 '귀납법적' 발상에서 얼마든지 쓸 수 있을 것 같았는데, 막상 써 보니 쉬운 일이 아니었습니다.

맞습니다. 이 경우 '귀납법'은 성립하지 않았네요.

한 분 한 분이 개성적인 이야기를 썼으니 꼭 저자별로 읽어 보셨으면 합니다.

애초에 멤버들이 하나같이 개성적이다 보니 겹치는 주제도 없더군요!

그렇습니다. 그야말로 다양한 관점의 이야기가 담겨 있으니 꼭 활용해 주셨으면 합니다.

오, 역시 히라이 선생다운 말씀입니다! 그러면 다음 주제로 넘어가서, 자신이 쓴 이야기 이외에 추천하고 싶은 이야기가 있으면 말씀해 주십시오!

하나같이 재미있는 이야기들뿐이라 하나만 꼽기가 어려운데, 요코야마 형님의 '8×8 마방진'이 정말 아름답고 멋졌습니다.

저는 다카타 형님의 숫자 모양에 숨겨진 비밀 이야기가 좋았어요!

그거 정말 감동적인 이야기지요? 저는 못초 씨의 '고 히로미' 그래프는 반칙 수준이라고 생각했습니다. 그건 방송에서 써 먹었어도 틀림없이 통했을 거라고요! 요코야마 형님은 어떤 이야기를 추천하시나요?

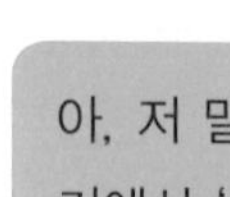

아, 저 말입니까? 저는 구라타 씨가 '프리드먼 수' 이야기에서 '프리드하다'라는 용어를 만들어낸 것이 마음에 들었습니다. 그리고 고바야시 선생이 피타고라스의 정리에 관한 이야기를 3개나 집어넣은 것도 재미있었네요.

이런, 들켰네!

다카타 선생과 아키타 선생도 쓰셨지만, '빠르게 풀 수 있는 방법'은 매우 좋은 이야기 소재네요. 저도 몇 개 썼으니 꼭 다시 한 번 읽어 보셨으면 합니다.

히라이 선생, 비겁하게 결국 자신의 이야기를 추천하시다니! 그렇다면 질 수 없지요. 저도 제 이야기를 추천하겠습니다! 외국에서 수학을 어떻게 공부하는지 조사해 보면 수학을 즐기는 방법이나 공부하는 방법을 더 많이 발견할 수 있지요. 그래서……

이런, 끝까지 이야기를 듣고 싶지만 여백이 부족하네요! 다카타 회장님, 마지막으로 한마디 부탁드립니다!

그러면 제가 마지막 인사를 하겠습니다. 끝까지 읽어 주셔서……

정말 고맙습니다!

엉뚱하고도 기발한 수학

지은이 일본 코미디 수학 협회
옮긴이 김정환
펴낸이 조승식
펴낸곳 (주)도서출판 북스힐
등록 제22-457호(1998년 7월 28일)
주소 서울시 강북구 한천로 153길 17
홈페이지 www.bookshill.com
E-mail bookshill@bookshill.com
전화 (02)994-0071
팩스 (02)994-0073

초판 인쇄 2020년 1월 5일
초판 발행 2020년 1월 10일

값 15,000원
ISBN 979-11-5971-237-1